你好，
二十四节气 (上册)

节气里的乡土中国文化研究课题组　编

科学出版社　龙门书局

北京

内 容 简 介

《你好，二十四节气》一书旨在引导中小学生探索节气文化奥秘，丰富真实的节气生活，为教师提供讲解节气课程的有力工具。

本书是其中的上册，共十二个节气。书中节气知识介绍科学严谨，节气体验形式多样，选文选曲经典隽永，插图设计童稚生动。多学科融合，充分体现节气文化的本地化和当代化。当然，本书更多的意义在于，可以让读者在岁时节令的饮食、游戏和习俗里，在清明放水、龙舟竞渡、月下团圆、贴春联、赏年画里，体验节令生活的动人与多彩。

本书适合中小学生（特别是3～7年级学生）阅读，语文、科学、综合实践等各学科教师可选用，也适合亲子阅读以及对节气文化感兴趣的其他读者。

图书在版编目（CIP）数据

你好，二十四节气. 上册 / 节气里的乡土中国文化研究课题组编. -- 北京：龙门书局，2020.6（2021.4重印）

ISBN 978-7-5088-5720-6

Ⅰ.①你… Ⅱ.①节… Ⅲ.①二十四节气－少年读物 Ⅳ.①P462-49

中国版本图书馆CIP数据核字（2020）第062394号

责任编辑：钟文希　侯若男 / 责任校对：彭　映
责任印制：罗　科 / 封面设计：墨创文化

科 学 出 版 社
龙 门 书 局　出版

北京东黄城根北街16号
邮政编码：100717
http://www.sciencep.com

四川煤田地质制图印刷厂印刷
科学出版社发行　各地新华书店经销

＊

2020年6月第 一 版　　开本：787×1092　1/16
2021年4月第三次印刷　　印张：10　1/2
字数：246 000

定价：50.00元

文化里流淌的
清风明月

　　仰望上下五千年中华传统文化的浩瀚星空，"二十四节气"是其中一颗耀眼的星。它关乎华夏先民对宇宙的认识、对农耕的安排、对命运的探索、对顺天应时的直觉。望霄汉苍茫，观斗转星移，感四时变幻，见草木枯荣……"天时地利人和"，古人将生产生活和自然时节融合在一起，体现了天人合一的思想。而二十四节气，正是观照天象、关乎人类的自然时序的二十四个"刻度"。

　　"清明时节雨纷纷，路上行人欲断魂"，"清明"的纷纷细雨使祭拜缅怀之情更加浓郁；"纷纷红紫已成尘，布谷声中夏令新"，声声布谷鸟叫，迎接夏季来临；"露从今夜白，月是故乡明"，"白露"的月色平添了几缕游子思乡的情愫；"行过冬至后，冻闭万物零"，"冬至"一过，天寒地冻，万物凋零……

　　"节气"在古人的智慧里光芒闪烁，而现今的人们听到或看到"节气"两个字，首先会想到什么呢？是一些关于节气的知识，还是节气中的景象？是对季节变化的感受，还是对时光流转的感叹？或者，脑海中一片茫然，仅仅认识"节气"两个字，对它的丰富内容一无所知？但愿我们的回答不会是最后一项，至少我相信，孩子们在读了《你好，二十四节气》后不会是这样的回答。

　　其实，我们的生活，每一天都离不开节气。或者说，我们的生活，就流淌在一个个节气的时光里。二十四节气，是我们祖先通过对太阳周年运动的观测和自然界变化的长期观察所形成的时间知识体系，既是安排传统农业生产活动的重要准则，也是人们几千年来日常生活的重要指导，蕴含着丰富的生产生活习俗和传统文化内涵。因此，节气自产生之初，就与我们生产生活的各个方面息息相关，深刻影响着中华民族对自然、对生活和对世界的认识。

把节气当作对自然、对生活、对世界的尊重，把文化传承作为一种理念浸润在读本，厚植在课程，留存在孩子的心里，带给今天的孩子对节气不一样的认识，就是《你好，二十四节气》给我的印象。翻阅读本图文并茂的篇章，穿越节气更迭变换的时光，感受山野乡土的气息，如同穿行在一条条绿树成荫、繁花似锦的山间小道。这条小道，蜿蜒盘旋，景物千变万化，它通向现实生活，通向城市历史，通向传统文化，通向自然亘古的辽阔与丰茂，最后融会为孩子们发自肺腑的一句话："你好，二十四节气！"

美国作家西格德·F. 奥尔森说："假若我们真能捕捉到远古的辉煌，听到荒野的吟唱，那么混乱的城市就会成为宁静的处所，忙乱的进程就会缓缓与四季的节奏接轨，紧张就会由平静来取代。"同样，中国作家阿来道："杜甫、薛涛、杨升庵……几乎所有与这个城市（成都）历史相关的文化名人，都留下了对这个城市花木的赞颂，这些花木，其实与这座城市的历史紧密相关。驯化、培育这些美丽的植物，是人改造美化环境的历史。用文字记录这些草木，发掘每种花卉的美感，是人在丰富自己的审美，并深化这些美感的一个历程。"

是的，当我们回到生活本身，带着孩子去倾听节气的心语，体验天地间一草一木的呼吸，体会时光的流淌与美好，我们就会感受到"节气"的意味！成都的同行，通过课题研究，以体验和浸润的形式，以《你好，二十四节气》读本为载体，在现实生活中融入文化传承和自然体验，让"节气"在孩子的世界里美了起来。

美了生活。读本既有介绍节气知识的专题，又有引导师生共同参与的体验学习。"四模块"的文本架构（"节气概述""节气习俗""节气文化"和"节气实践"）强调"节气"的学习要有别于一般学科知识的学习，不局限于对节气知识进行"了解"，而是侧重调动各种感官，强调走进节气的"体验"学习和与节气实践相结合的"综合"学习。这种课程，就指向了体验，指向了实践，指向了生活，让节气与生活一起丰盈起来。

美了儿童。毋庸讳言，如今我们的孩子可能离传统的"节气"越来越远，离大自然越来越远。"二十四节气"课程，内容清浅，挖掘了生活中的物候现象、农事劳动、节庆民俗来介绍节气常识；根据节令特点，精心设计节气观测与实践活动，让儿童切切实实地感到，节气至今依然鲜活有用。从儿童的眼光来看待"节气"现象和民俗，从儿童的需求来开展节气课程，在课程中学习人与自然相处的哲学；在与大自然的连接中，将教育转化成真实的生命经验，并使之成为儿童内在自我的一部分，让儿童的成长有了传承的厚重，有了生命的内涵。

美了文化。节气教育将研究性学习、社会实践等融合在具体的课程设计中。各章节均涉及文字、诗词、科学、艺术、民俗等内容，是语文、科学、美术、音乐等多学科的融合。以节气为线索把优秀的古诗词、文章（书籍）、乐典、民俗、活动体验以及特有的节气文化有机地串成整体，为学生打开了一扇认识优秀传统文化的窗户。这文化也包括地域文化，天府成都作为古蜀国的中心，千年不改城市名称，保留着很多自然的、人文的景致。读本中，天府文化元素突出，如草堂人日怀杜甫、都江堰清明放水、绵竹立春赏年画等，引导学生体验天府文化的乡土原貌、风土人情、良好生态，给学生打下家乡的烙印，留下家乡的味道，最终让文化在现实生活中熠熠生辉、富有魅力。

可以想象，在老师的带领下，孩子们循着二十四个节气一路"走"下去，在既漫长又短暂的一年中，在节气课程里徜徉的那种美好；可以想象，这座拥有着都江堰水利工程这一人类尊崇自然、化用自然典范的城市，他们对节气课程的实践，一定是自然的、生活的、诗意的。

重温二十四节气，在节气中感受生活的美好和时光的丰厚。让我们一道同行，来一段诗意浪漫、妙不可言的节气旅行和文化探寻吧！

胡泽学

2020年5月10日于北京

（中国农业博物馆研究部主任、研究员）

二十四节气
组图

立春

惊蛰

雨水

春分

小暑

大暑

立秋

白露

处暑

大雪

冬至

小寒

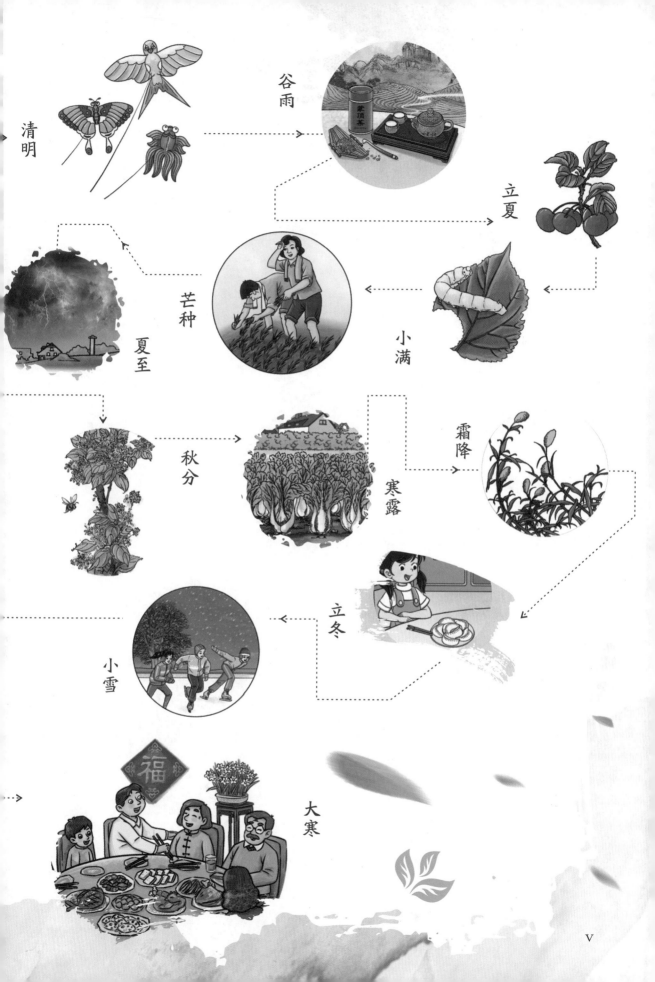

清明

谷雨

立夏

小满

芒种

夏至

秋分

寒露

霜降

立冬

小雪

大寒

福

V

目录 MULU

上册

节气常识知多少

　　中国的节气文化源远流长，秦汉时期二十四节气已完全确立，至今已经沿用了2000多年。在没有天气预报的中国古代，二十四节气扮演了相当重要的角色。在节气的指导下，中国人安排着自己的生产、生活。大部分时候，农民的播种、收获，都是以节气为依据的。

　　"二十四节气"在国际气象界被誉为中国的第五大发明。2006年，"二十四节气"经国务院批准列入第一批国家级人类非物质文化遗产（以下简称：非遗）项目。2011年，中国农业博物馆牵头编制联合国教科文组织非遗代表作名录申报材料；2014年，中国农业博物馆牵头成立二十四节气保护工作组，组织专家开展学术研究。2016年11月30日，中国"二十四节气"经联合国教科文组织批准列入非遗代表作名录。

1.什么是二十四节气？

　　二十四节气是中国人通过观察太阳周年运动而形成的时间知识体系及其实践。最早是以我国北方黄河流域的气候、物候为依据建立起来的。为适应农业生产等的需要，当地的人们通过对太阳、月亮、天气、物候等的长期观察，发现一年中时令、气候、物候等方面的变化规律，并结合农业生产特点，总结出一套适合该地区的"自然历法"，指导生活和从事农业生产。如巴蜀地区广为传唱的《节气百子歌》，就将当地的民间风俗和节气结合了起来。

节气百子歌

说个子来道个子，正月过年耍狮子。二月惊蛰抱蚕子，三月清明坟飘子。
四月立夏插秧子，五月端阳吃粽子。六月天热买扇子，七月立秋烧袱子①。
八月过节麻饼子，九月重阳醪糟子。十月天寒穿袄子，冬月数九烘笼子②。
腊月年关熏肉灌肠子。

①烧袱：中元节时为祖先亡灵烧冥钱。
②烘笼：一种竹编、装炭取暖的家庭生活用具。

2.二十四节气的名称分别是什么？

二十四节气歌

春雨惊春清谷天，
夏满芒夏暑相连。
秋处露秋寒霜降，
冬雪雪冬小大寒。

春
立春　雨水　惊蛰
春分　清明　谷雨

夏
立夏　小满　芒种
夏至　小暑　大暑

秋
立秋　处暑　白露
秋分　寒露　霜降

冬
立冬　小雪　大雪
冬至　小寒　大寒

"二十四节气"中，"四立、二分、二至"体现的是季节(时令)，惊蛰、清明、小满、芒种反映的是物候现象，而余下的节气则反映了气候变化。节气之中，人们还能够辨别气候的渐变次序。例如，从小暑、大暑到处暑，再到小寒、大寒，可以清楚地感知不同时期的寒热程度。节气中的"小满""芒种"暗示着"二十四节气"的形成与传统的农业生产生活密不可分。

3.二十四节气是如何制定的？

二十四节气的形成与太阳有着密切的关系。

"地球绕着太阳转，绕完一圈是一年。一年分成十二月，二十四节紧相连。"

二十四节气是根据太阳在黄道（即地球绕太阳公转轨道在天球上的投影）上的位置变化而制定的。太阳从春分点出发，每前进15°为一个节气；运行一周又回到春分点，为一回归年，合360°。这样，全年定出二十四等分，定出"立春""惊蛰"等十二个"节"（逢单的为节气，简称为"节"），"雨水""春分"等十二个"气"（逢双的为中气，简称为"气"），统称为二十四节气。

太阳通过每一段的时间相差不多，因此每个节气的时间也相差很少。二十四节气在现行的公历中日期基本固定，上半年节气在6日、中气在21日，下半年节气在8日、中气在23日，前后不过相差1~2天。为了方便记忆，人们还用两句口诀来表达这种情况：上半年来六、廿一，下半年来八、廿三。

4.什么是节气三候？

　　人们把"五天"称为"一候"，"三候"即15天，刚好为一个节气，一年共有二十四节气七十二候。古代先民根据当时的气候特征和一些特殊的自然现象，给每个节气的"三候"分别起了名字，用来简洁明了地表示当时的物候等特点。

5.二十四节气的特征是固定不变的吗？

　　"二十四节气"形成于北纬30°～40°的中国黄河流域，后逐步为全国各地所采用，并为多民族所共享。

　　但是，时至今日，物候的年代差异、地区差异非常明显，七十二候物语，无法适用于所有地区和年代。本书各章节所涉及的节气习俗、谚语、食单、文化链接等，也不局限于黄河流域。我们传承和弘扬二十四节气，需要不断丰富、完善它。

立春

清明

谷雨

春
CHUN

雨水

惊蛰

春分

lì chūn

立春

　　立春，是"二十四节气"中的第一个节气。每年公历2月3、4或5日，太阳到达黄经315°时，进入立春节气。自秦代以来，中国就一直以立春作为春季的开始。

　　《月令七十二候集解》："立春，正月节。立，建始也……立夏秋冬同。""立"有开始之意，立春也预示着一年农事活动的开始。

 节气概述

 节气字源

甲骨文	金文	小篆	楷书
			立

甲骨文	金文	小篆	楷书
			春

"立"，像一个人站在地上，下面的一横表示地面。"春"表示太阳照耀下草木萌发的春天，是四时之首。

 节气三候

一候

东风解冻

立春之日起，东风送暖，大地开始解冻。

二候

蛰（zhé）虫始振

后五日，蛰伏一冬的虫类慢慢在洞中苏醒，蠢蠢欲动。

三候

鱼陟（zhì）负冰

陟，登高。水面的冰融化变薄，鱼儿上浮靠近冰面，看上去像是鱼背着冰在游。

节气习俗

萝卜

咬春

北方一些地方立春日要吃春饼、嚼生萝卜，叫"咬春"。明《酌（zhuó）中志》："立春之时，无贵贱，嚼萝卜，曰'咬春'。"《月令广义》卷五："唐人立春日，食春饼生菜（即韭菜），号春盘。"而在南方则是吃春卷。春可咬可吃，有趣有诗意。

另外，立春时节还有"送春""拜春""打春"等习俗。民间艺人制作许多小泥牛，称为"春牛"，送往各家，谓之"送春"；交相庆贺叫"拜春"；乡民以麦、米、豆抛打春牛叫"打春"。

节气食单

春卷

春卷是立春的象征，由古代立春之日食用的春盘（即后来的春饼）演变而来。元代已出现将春饼卷裹馅料油炸后食用的记载。

《关中记》记载："（唐人）于立春日作春饼，以春蒿、黄韭、蓼（liǎo）芽包之。"并将春饼互相赠送，取迎春之意。

制作方法

①面粉和成浆状。

②放些许在平锅底，用文火烧，时时旋转平锅，制成薄如蝉翼的春卷皮。

③将肉切丝加入盐，淀粉腌拌均匀，白菜、香菇洗净切丝，放入肉中。面皮一张摊平，夹入拌好的馅丝。

④把馅料卷起，封口处抹一点面糊粘紧，包成春卷坯。煎锅放油，炸至春卷略焦黄即可。

节气文化

节气诗词

减字木兰花① · 立春

〔宋〕苏轼

春牛②春杖③，无限春风来海上。便丐④春工，染得桃红似肉红。

春幡⑤春胜⑥，一阵春风吹酒醒。不似天涯⑦，卷起杨花⑧似雪花。

【注】

①减字木兰花：词牌名。

②春牛：即泥牛。

③春杖：耕夫持打牛的棍子站在春牛旁。

④丐（gài）春工：乞求春神。

⑤春幡（fān）：旗帜。

⑥春胜：一种剪纸，表示迎春。

⑦天涯：多指天边。这里指作者被贬的海南岛。

⑧杨花：指柳絮。

【白话译文】

立春到来时，海上吹来阵阵春风，人们用泥做成耕牛的样子，旁边还立着一个泥塑的耕夫，拿着打牛的棍子，似乎在抽打耕牛。人们乞得春神之力，把桃花染成粉红色。

家家户户竖起春天的旗帜，贴上漂亮的剪纸。一阵春风，吹散了我的酒意，卷起杨花似雪，漫天飞舞，这番美景不像在天涯。

京中正月七日立春

〔唐〕罗隐

一二三四五六七，万木生芽是今日。

远天归雁拂云飞，近水游鱼迸冰出。

春雪

〔唐〕韩愈

新年都^{dōu}未有芳华，二月初惊见草芽。

白雪却嫌春色晚，故穿庭树作飞花。

迎春赏年画

在春节传统习俗里，年画是一个重要的角色。学者冯骥才曾把木版年画称作"中国民间美术的源头"。

年画历史悠久，始于古代的"门神画"。汉代民间已有人在门上贴"神荼（shén tú）""郁垒（yù lěi）"神像。据记载，唐太宗李世民生病时，梦里常听到鬼哭狼嚎之声，以至夜不成眠。秦叔宝、尉迟恭两位大将就自告奋勇，全身披挂地站立宫门两侧，结果宫中平安无事。李世民遂命画工将他俩的威武形象绘在宫门上，称作"门神"，民间便纷纷效仿。

宋朝时，春节家家户户贴门神已成为一种风尚，贴门神从镇宅消灾演变为迎福纳祥的美好愿望，后又逐渐形成祈求人寿年丰、吉祥如意、招财进宝的习俗。孟元老的《东京梦华录》、周密的《武林旧事》等典籍，都记载了宋代京城春节期间出售年画之类吉祥装饰品的景况。

明中叶以后，随着商业手工业的进一步发展，雕版印刷中的彩色套印技术更为成熟，使得木版年画得到飞速发展。

年画在清代进入鼎盛期，康熙乾隆年间国泰民安的社会局面，为年画的繁荣打下了坚实的基础；通俗小说的风行，又为大量的年画作

坊提供了丰富的创作素材。清代年画题材多，出现了大量以历史故事、神话传说、戏曲人物、演义小说等为主要内容的作品。

年画在历史上有多种称呼：宋朝叫"纸画"，明朝叫"画贴"，清朝叫"画片"。直到清朝道光年间，文人李光庭在文章中写道："扫舍之后，便贴年画，稚子之戏耳。"年画由此定名。与此同时，年画拥有了固定含义，指木版彩色套印的、一年一换的年俗画作，以描写和反映民间世俗生活为特征。

如今，开封朱仙镇、苏州桃花坞、天津杨柳青、潍坊杨家埠和四川绵竹，已成为我国著名的民间木刻年画产地。

注：绵竹木版年画，因产于四川绵竹而得名，简称绵竹年画。2006年6月被认定为首批国家级非物质文化遗产代表性项目。

 **节气谚语**

春风不刮，草芽不发。

春捂秋冻，百病难碰。

节气实践

节气民俗体验

赏年画

▶ 了解年画的演变历史。

▶ 春节期间，跟随父母至年画产地，欣赏传统年画，感受浓浓的年味儿。

▶ 收集各种年画，办年画展。

节气观测

▶ **节气测量**：测量立春节气的温度，了解气温的变化情况。连续记录一周。

▶ **节气笔记**：刚刚立春，虽然还春寒料峭，但是有些花儿已含苞待放，有些花儿开得正艳，你发现了吗？把你的观察记录下来吧。

节气阅读

节气儿歌：《春晓》（谷建芬 曲）

乐曲欣赏：《春到沂河》（柳琴 曲）

阅读散文：《春》（朱自清）

阅读书籍：《成都物候记·苹果属海棠》（阿来）——川籍作家阿来说："我不能忍受自己对置身的环境一无所知。"于是，他把成都这座城中的主要观赏植物，把成都繁盛的花事，从青羊宫到浣花溪，从冬至春，写成了一个系列——《成都物候记》。

yǔ shuǐ
雨水

雨水是"二十四节气"中的第二个节气。每年公历2月18、19或20日，太阳到达黄经330°时，进入雨水节气。此时，气温回升、冰雪融化、降水增多，故名雨水。

《月令七十二候集解》："正月中，天一生水……故立春后继之雨水。且东风既解冻，则散而为雨水矣。"意思是说，雨水节气前后，万物开始萌动，春天就要到了。

节气概述

节气字源

甲骨文	金文	小篆	楷书		甲骨文	金文	小篆	楷书
帀	冊	雨	雨		水	水	水	水

　　"雨"，上面的一横象征天；横下面是穹隆象形，表示天空降水或天空降下的水滴。甲骨文"水"，像水蜿蜒流动之形。

节气三候

一候

獭（tǎ）祭（jì）鱼

　　天气渐暖，水獭捕到鱼后，排列在岸边展示，似乎要先祭拜一番后再享用。

鸿雁来

大雁开始从南方飞回北方。

三候

草木萌动

再过五天，草木随地中阳气的上腾而开始抽出新芽。

拉保保

在川西民间，雨水是一个被赋予了想象力和人情味的节气。

在川西有"撞拜寄""回娘屋"等有趣的风俗。其中四川广汉每年正月十六的"保保节"最为有名。

保保即干爹，拉保保的目的，是为了让儿女顺利、健康地成长。而雨水节拉干爹，意取"雨露滋润易生长"之意。如果希望孩子长大有知识，就拉一个文人做干爹；如果孩子身体瘦弱，就拉一个高大强壮的人做干爹。

此外，各地雨水节气还有吃汤圆、回娘家等习俗。

凉拌春笋

春笋，历来备受人们喜爱，有"尝鲜无不道春笋"之说。春笋美味爽口，营养丰富，可荤可素。

做法不同，风味也各异，凉拌、炒、炖、煮皆成佳肴。

制作方法

①将竹笋去除外壳，切块待用。

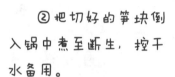

②把切好的笋块倒入锅中煮至断生，控干水备用。

③将控水后的竹笋放入大容器中调味。依次添加精盐、白糖少许、香醋、豉油、辣红油，拌匀即可。

凉拌春笋完成！

节气文化

节气诗词

春夜喜雨

〔唐〕杜甫

好雨知①时节，当春乃②发生③。

随风潜④入夜，润物⑤细无声。

野径⑥云俱黑，江船火独明。

晓⑦看红湿处⑧，花重锦官城⑨。

【注】

①知：知道，明白。

②乃：就。

③发生：万物萌发生长。

④潜（qián）：悄悄地。

⑤润物：雨水滋润植物。

⑥野径（jìng）：田野间的小路。

⑦晓：天亮的时候。

⑧红湿处：被雨水滋润的花丛。

⑨锦官城：指成都的别称。

【白话译文】

这蒙蒙细雨，好像知道时节的变化，在万物萌发生长之际降临，随着风儿悄悄地潜入春夜，无声无息地滋润大地。层层乌云笼罩着田野间的小路，江上的渔船有灯火闪烁。早上起来看雨后的锦官城，被雨水打湿的花丛，沉甸甸地，显得格外鲜艳。

早春呈水部张十八员外·其一

〔唐〕韩愈

天街小雨润如酥，草色遥看近却无。

最是一年春好处，绝胜烟柳满皇都。

临安春雨初霁

〔宋〕陆游

世味年来薄似纱，谁令骑马客京华？

小楼一夜听春雨，深巷明朝卖杏花。

矮纸斜行闲作草，晴窗细乳戏分茶。

素衣莫起风尘叹，犹及清明可到家。

人日游草堂

"锦水春风公占却，草堂人日我归来"是成都杜甫草堂里的一副对联。对联的作者是清代有名的诗人、书法家何绍基。就因这一副对联，形成了成都人"人日"游草堂的习俗，在这副对联里还有一段温馨的故事呢！

公元759年，杜甫为避"安史之乱"来到成都，他的好朋友高适正在彭州做刺史。听说杜甫到成都了，高适立即写了一封欢迎信，还赠送了一些粮食，这让刚到成都的杜甫很感动。第二年，高适被调到崇州，杜甫从成都赶去探望，两个好朋友开怀畅饮，谈笑风生，兴尽才返。从这以后，二人常常在信中写诗歌传达友情。公元761年正月初七（即"人日"），高适写了一首诗给杜甫，诗中写道："人日题诗寄草堂，遥怜故人思故乡……今年人日空相忆，明年人日知何处？"表达了对杜甫的想念。764年，高适离开当时的蜀地，回到长安，两人再也没有见面。

公元770年，漂泊于湖南的杜甫偶然翻看文书，重新读到高适这首诗时，高适早已亡故。杜甫想起和高适的友谊，心中难过，写下《追酬故高蜀州人日见寄》一诗，以寄托哀思，诗云："自蒙蜀州人日作，不意清诗久零落。今晨散帙（zhì，书画外包着的套子）眼忽开，

逆泪幽吟事如昨……"这和（hè）着血泪唱出的心声，读来实在感人肺腑。不久杜甫也离开了人世。

从此，高适、杜甫二人"人日"唱和的故事便传为诗坛佳话。

清咸丰四年初（即公元1854年），时任四川学政的何绍基熟悉这一典故，于是专门在正月初七（人日）这一天，到草堂写下了这副对联。从此以后，文人墨客竞相效仿，在每年"人日"云集草堂，挥毫吟唱，凭吊杜甫，成为成都的民俗。而这一习俗到了今天，已然发展成蔚为大观的诗圣文化节。

注："人日"为每年正月初七，而"雨水"为公历每年2月19日左右，故有些年份"人日"恰好在"雨水"节气中，有些年份则早于"雨水"节气。

节气谚语

雨水阴，夏至晴。

一场春雨一场暖，十场春雨穿单衣。

节气实践

节气民俗体验

草堂怀杜甫

▶ 识杜甫：查资料了解杜甫生平。

▶ 怀杜甫："人日"游草堂，赏对联——"锦水春风公占却，草堂人日我归来。"

▶ 祭杜甫：吟诵《春夜喜雨》。

节气观测

▶ **节气测量**：测量雨水节气的温度，了解气温的变化情况。连续记录一周。

▶ **节气笔记**：查找资料，了解海棠的种类。留心观察，在你的周围，有哪些盛开的海棠？画一画，并记录下它的花期。

节气阅读

学唱歌曲：《春夜喜雨》（谷建芬 曲）

乐曲欣赏：《翠湖春晓》（民乐合奏 聂耳 曲）

阅读散文：《二月兰》（季羡林）

阅读童书：《春天的报信者》（［法］黎达）——通过八个故事，富有诗意地揭示了大自然的许多秘密。

　　惊蛰（zhé）古称"启蛰"，是"二十四节"气中的第三个节气。每年公历3月5、6或7日，太阳到达黄经345°时，进入惊蛰节气。

　　蛰者，藏也。《月令七十二候集解》："惊蛰，二月节，万物出乎震，震为雷，故曰惊蛰。是蛰虫惊而出走矣。"古人以为藏于土中冬眠的昆虫、小动物是被雷震醒的，于是称这节气为"启蛰"。汉景帝刘启登基时，为避讳，将"启蛰"改为"惊蛰"。

jīng zhé

惊蛰

二十四节气之3

节气概述

节气导源

小篆	楷书		小篆	楷书
驚	惊		蟄	蛰

"惊"，表示马受刺激而狂奔。"蛰"，表示动物在冬季将自己封藏起来，不吃不动。

节气三候

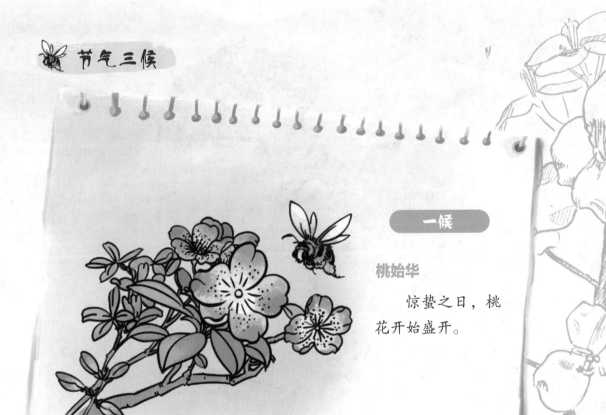

一候

桃始华

惊蛰之日，桃花开始盛开。

仓庚鸣

　　仓庚（gēng）即黄鹂鸟，黄鹂最早感受到春阳之气，在开满鲜花的枝头呼朋唤友。

鹰化为鸠

　　古人不知道鹰飞往北方繁衍后代了，误以为鹰在春天变成了布谷鸟（鸠）。

节气习俗

惊蛰吃梨

梨

惊蛰有吃梨的习俗（北方的冻梨）。这是因为惊蛰后天气明显变暖，人们容易口干舌燥、外感咳嗽。而梨子有润肺止咳、滋阴清热的功效。这时吃梨，对身体很有滋养作用。还有一种说法是由于"梨"和"离"谐音，这天吃梨可让虫害远离庄稼，还能保证全年都能丰收。

此外，惊蛰还有祭白虎、除虫、薰虫、剃龙头（头发）等习俗。

节气食单

嫩韭炒鸡蛋

韭菜又称起阳草、长生草。《千金方》曰："是月（二月、三月），宜食韭，大益人心。"

杜甫有"夜雨剪春韭，新炊间黄粱"之句，二十年未见的老朋友将韭菜作为佳肴接待他。

制作方法

①韭菜一把，洗净后切成小段。

②鸡蛋3～4个，打碎后放入碗中，加入适量盐搅打均匀。

③锅内热油，把搅拌好的蛋液倒入锅中，炒熟至金黄。

④段状韭菜倒入锅中，和鸡蛋一起翻炒，两三分钟即可起锅。

拟古①（其三）

〔晋〕陶渊明

仲春②遘③时雨，始雷发东隅④。

众蛰各潜骇⑤，草木纵横舒⑥。

翩翩新来燕，双双入我庐⑦。

先巢⑧故⑨尚在，相将⑩还旧居。

自从分别来，门庭日荒芜。

我心固匪石⑪，君情定何如？

【注】

①拟古：摹拟古诗。

②仲春：春天的第二个月。

③遘（gòu）：逢，遇到。

④东隅（yú）：东方。

⑤骇（hài）：惊醒。

⑥纵横舒：形容草木向各个方向自由舒展地生长。

⑦庐：简陋的居室。

⑧先巢：旧窝。

⑨故：仍旧。

⑩相将：相随。

⑪匪石：坚硬的石头。

【白话译文】

　　仲春之时，恰逢春雨，从东边传来第一声春雷。蛰伏的虫子被惊醒了，草木向各个方向自由舒展。燕子翩翩飞回，双双飞入我简陋的居室。（燕子）去年垒的窝还在老地方，今年它们相伴相随把家还。自从我俩分别后，门庭冷落，荒草渐生。我的心坚定如石头，你的情义可有改变？

江畔独步寻花（其六）

〔唐〕杜甫

黄师塔前江水东，春光懒困倚微风。

桃花一簇开无主，可爱深红爱浅红。

秦楼月·浮云集

〔宋〕范成大

浮云集。轻雷隐隐初惊蛰。初惊蛰。鹁_{bó}鸠鸣怒，绿杨风急。

玉炉烟重香罗浥_{yì}。拂墙浓杏燕支湿。燕支湿。花梢缺处，

画楼人立。

節气文化链接

三月桃花开

阳春三月，桃花盛霞。千百年来，桃花以它艳丽的色彩，缤纷的落英触动了人们的某种情绪和情感，被赋予了丰富的民俗文化内涵。

桃在中国文化中的角色源远流长，喻意极为丰富。

神话传说中，夸父死而变为桃林，为后来寻求光明的人解除饥渴；上天有蟠桃园，园中仙桃被喻为长寿的象征。王母娘娘过寿，用以款待众仙的是"蟠桃"；麻姑献寿，手中盘里放的也是"仙桃"。

在民间，桃树可谓家家种植，不仅可食用，而且美观。逢年过节时，人们喜欢把对联写在"桃木板"上，因为"桃"是"驱邪"的法物。以桃命名地名的有湖北的仙桃，湖南的桃花源，苏州的桃花坞，台湾的桃园等；以桃命名水果的也有"樱桃""杨桃""核桃""猕猴桃"等。"刘关张"桃园三结义，让桃花成为生死患难友谊的象征。"桃李满天下"，表达了对老师的盛赞与祝福。"桃李不言，下自成蹊"赞扬的是男子不事喧哗而声名自著的高尚风格。

文学作品中，桃花的喻义更为丰富。"桃之夭夭，灼灼其华"首唱以桃花喻人的先声，并在后来的诗词中一直延续着。"人面不知何处去，桃花依旧笑春风"是场美丽的邂逅，女子桃花般灿烂的容颜令诗人

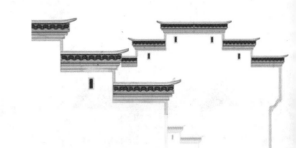

怦然心动，然而注定是个擦肩而过的结局。桃花，也是春天的使者。"竹外桃花三两枝，春江水暖鸭先知""桃花一簇开无主，可爱深红爱浅红""西塞山前白鹭飞，桃花流水鳜鱼肥"，不仅用桃花赞美了万物复苏的春天，也抒发了诗人对大自然的热爱。在李贺等诗人的笔下，桃花却代表着韶光易逝。"况是青春日将暮，桃花乱落如红雨"，感叹的是青春如桃花般短暂，匆匆来过，又匆匆走开。在陶渊明的笔下，桃花成为世外乐土的标志。"世外桃源"成了中国文化人的精神寄托，也把中国的桃花文化推向了最高峰。后来，"桃花流水窅（yǎo）然去，别有天地非人间""桃花尽日随流水，洞在清溪何处边"，无不显出人们对世外桃源的神往。

古典桃花，风情有余，风骨也足，入诗入词入文，形成了中国独具特色的"桃花文化"。

注：2001年8月，经中国国家旅游局批准，每年3月18日，在四川省成都市龙泉驿区举办"中国·成都国际桃花会"。

🐝 节气谚语

春雷响，万物长。

惊蛰前打雷，四十九天云不开。

节气实践

节气民俗体验

赏桃花，诵读桃花诗词

与家人或同学一起，到桃花盛开的地方观赏桃花，吟诵桃花诗词。

节气观测

▶ **节气测量**：测量惊蛰节气的温度，了解气温的变化情况。连续记录一周。

▶ **节气笔记**：惊蛰节气打雷了吗？天气有什么变化吗？有哪些小虫子开始出来活动了？

节气阅读

节气儿歌：《二十四节气歌之惊蛰》

阅读散文：《韭菜篓》（梁实秋）

阅读书籍：《寻虫记》（虞国跃）——你知道不同季节出现的各种昆虫的名称吗？你会判断益虫、害虫吗？你见过有"文化"的昆虫吗？你了解蝴蝶颜色的奥秘吗？翻开本书，答案都在这里。

chūn fēn

春分

春分是"二十四节气"中的第四个节气，是春季九十天的中分点。每年公历3月20日或21日，太阳位于黄经0°（春分点）时是春分节气。这一天太阳直射地球赤道，南北半球季节相反，北半球是春季，南半球则是秋季。

《月令七十二候集解》："春分，二月中，分者半也，此当九十日之半，故谓之分。"春分的意思，一是指一天中白天黑夜平分，昼夜几乎相等；二是古时春分正当春季三个月之中，平分了春季。

节气概述

节气字源

甲骨文	金文	小篆	楷书		甲骨文	金文	小篆	楷书
𡴪	萅	萅	春		𠬝	𠬝	𠔿	分

"春"，表示太阳照耀下草木萌发的春天，是四时之首。"分"，别也。用刀把东西分开。

节气三候

一候

玄鸟至

春分日后，玄鸟（燕子）从南方飞来了。

二候

雷乃发声

　　过五日，下雨时天空便要打雷。

三候

始电

　　再过五日，下雨时打雷并开始有闪电出现。

节气习俗

鸡蛋

春分竖蛋

每年春分日，各地都有人做"竖蛋"试验，有"春分到，蛋儿俏"的说法。

为什么春分这一天鸡蛋容易竖起来？其中有一定的科学道理。

首先，春分是南北半球昼夜都一样长的日子，地球地轴与地球绕太阳公转的轨道平面处于一种力的相对平衡状态，利于竖蛋。其次，生下后的新鲜鸡蛋，由于蛋黄松弛，重心下降，也有利于鸡蛋的竖立。另外，鸡蛋的表面有许多突起的"小山"。"山"高0.03毫米左右，山峰之间的距离在0.5～0.8毫米之间。根据三点构成一个三角形和决定一个平面的道理，只要找到三个"小山"和由这三个"小山"构成的三角形，并使鸡蛋的重心线通过这个三角形，鸡蛋就能立起来了。

此外，春分还有粘雀子嘴、放风筝、野外挑野菜等习俗。

节气食单

荠菜饺子

荠菜做法多样，荠菜春卷、荠菜羹、凉拌荠菜等。荠菜饺子就是时令美食之一。

制作方法

① 选择新鲜荠菜，择洗干净。

② 过沸水烫一下捞出，攥（zuàn）干水分备用。

③ 剁好肉馅儿，用葱姜花椒搅拌，加适量精盐，拌均匀即成馅。其他工艺同一般饺子制作。

④ 荠菜饺子完成！

47

节气文化

节气诗词

阮(ruǎn)郎归

〔宋〕欧阳修

南园春半①踏青②时，风和③闻马嘶。青梅如豆柳如眉，日长④蝴蝶飞。

花露重⑤，草烟低⑥，人家帘幕垂。秋千慵困(yōng)⑦解罗衣，画堂⑧双燕归。

【注】

①春半：春分。

②踏青：春日去野外游玩。

③风和：春风和暖。

④日长：白天渐渐变长。

⑤花露重：沾了露水的花儿变重了，下垂了。

⑥草烟低：草被缭绕的雾气笼罩着。

⑦慵（yōng）困：慵懒困乏。

⑧画堂：彩画装饰的堂屋。

【白话译文】

春分之时，去南园踏青。风和日丽，马嘶声声。青梅结子如豆，柳叶舒展如眉。白天渐渐变长，蝴蝶自由飞舞。

花儿沾了露水，沉甸甸地低着头，青草被缭绕的雾气笼罩，屋子里帘幕静静地垂挂着。荡过秋千后的人儿，慵懒困乏，解开罗衣，稍做休息。抬头看见画堂前有一双燕子归来。

行香子·树绕村庄

〔宋〕秦观

树绕村庄，水满陂(bēi)塘。倚东风、豪兴徜徉(cháng yáng)。小园几许，收尽春光。有桃花红，李花白，菜花黄。

远远围墙，隐隐茅堂。飏(yáng)青旗、流水桥旁。偶然乘兴，步过东冈。正莺儿啼，燕儿舞，蝶儿忙。

春分二月中

〔唐〕元稹

二气莫交争，春分雨处行。

雨来看电影，云过听雷声。

山色连天碧，林花向日明。

梁间玄鸟语，欲似解人情。

荠菜，从诗经中走来

荠（jì）菜，萌于严冬，茂于早春。春天的使者，舌尖上的野味，是南北各地认可度最高的野菜。从寒风凛冽的塞北到杏花春雨的江南，提到野菜，很多人会想到荠菜。

三千多年来，荠菜一直是野生为主，种植为辅。据文字记载，荠菜被写入古文学作品可以追溯到2300多年前。荠菜入食则在《诗经》中就有记载："谁谓荼苦，其甘如荠"。荼、荠都是菜名，荼味苦，荠味甘，将"荼"与"荠"分别比作小人与君子。由此可见古人鲜明的好恶，也愈加显示出对荠菜的喜爱。

古往今来，文人墨客，咏荠诗篇无数。

苏轼爱食荠，谓之"天然之珍"。他发明了荠菜与米同煮的"东坡羹（gēng）"，咏荠名句"时绕麦田求野荠，强为僧舍煮山羹"描绘了一幅村妇孩童挎着菜篮，握着小铲，于田间一齐挖野菜的生动场面。

把荠菜吃得最雅的，当属陆游。"残雪初消荠满园，糁（shēn）羹珍美胜羔豚""手烹墙阴荠，美若乳下豚"说的是荠菜羹比鲜糯香嫩的烤乳猪有过之而无不及。"小著盐醯（xī）和滋味，微加姜桂助精神"

的凉拌荠菜，则被后人效仿至今。

南宋辛弃疾写下了"城中桃李愁风雨，春在溪头荠菜花"。清代郑板桥题画诗云："三春荠菜饶有味，九熟樱桃最有名。"荠菜的鲜美，令诗人浑然忘记身在异乡。

到了近现代，状写荠菜的文章更多。汪曾祺在《故乡的食物》里一连写了枸杞头、蒌蒿、马齿苋、莼菜等七八种野菜，却把荠菜放在了首位。他写道："荠菜是野菜，但在我家乡是可以上席的。我们那里，一般的酒席，开头都有八个凉碟，在客人入席前即已摆好……荠菜焯（chāo）过，碎切，和香干细丁同拌，加姜米，浇以麻油酱醋，或用虾米，或不用，均可。这道菜常抟成宝塔形，临吃推倒，拌匀。拌荠菜总是受欢迎的，吃个新鲜。"而张洁的《挖荠菜》，读着读着，不禁有了走进田野挖荠菜的冲动。

古往今来众多脍炙人口的咏荠诗文，为田野里恣（zì）意生长的荠菜平添了诸多的诗情画意。

 节气谚语

春分秋分，昼夜平分。

春分雨多，有利春播。

节气实践

节气民俗体验

做荠菜

▶ 诗人陆游47岁入川时，吃了用荠菜做的"东坡羹"后便无法忘怀。一生写荠菜的诗多达37首。对照陆游的诗，做一道荠菜美食吧！

放风筝

▶ 了解风筝的起源，风筝与纸鸢的区别。动手做一个风筝，和伙伴们一起去放飞。放飞途中，背背古诗《村居》。

节气观测

▶ **节气测量**：测量春分节气的温度，了解气温的变化情况。连续记录一周。

▶ **节气笔记**：到郊外去认识几种野菜（鱼腥草、马齿苋等），可以拍照，绘画。还可以采摘，做一顿野菜大餐。

节气阅读

学唱歌曲：《村居》（谷建芬 曲）

乐曲欣赏：《春天的早晨》（钢琴曲）

阅读散文：《挖荠菜》（张洁）

《湮灭的燕事》（王开岭）——鸟族中，与人关系最密切的当属燕。但人居的封闭式格局，让燕无舍可入，无梁可依，无檐可遮。流传几千年的燕事，真要与我们诀别了吗？

qīng míng

清明

　　清明是"二十四节气"的第五个节气。每年公历4月4、5或6日，太阳到达黄经15°时，进入清明节气。清明节大约始于周代，距今已有二千五百多年的历史。

　　《历书》："春分后十五日，斗指丁，为清明，时万物皆洁齐而清明。"这时天气清朗，四野明净，大自然显出勃勃生机。

　　清明节与端午节、春节、中秋节并称为中国四大传统节日。

节气概述

节气字源

| 金文 | 小篆 | 楷书 | | 甲骨文 | 金文 | 小篆 | 楷书 |

渍 清 清 | 明

"清",水清澈纯净透明,无杂质。甲骨文的"明",指月光透过窗户照到室内,由此而明亮。

节气三候

一候

桐始华

清明来到,白桐花开,清芬怡人。

二候

田鼠化为鴽

鴽（rú），鹌鹑之类的鸟。喜阴的田鼠回到洞中，喜欢阳光的鹌鹑类小鸟纷纷活跃起来。

三候

虹始见

清明时节多雨，雨后的天空可以见到彩虹了。

节气习俗

风筝

扫墓

扫墓俗称"上坟"。唐开元二十年（公元732年），唐玄宗诏令，寒食上墓。可见至少在唐以前，就有了扫墓的习俗。由于寒食、清明时间相近，后逐渐演变成清明时节为故人扫墓的习俗。扫墓主要有两项内容，一项是为死者焚香、上供、烧纸钱；另一项是为坟堆培土，或者修坟立碑，表达祭祀之情。

此外清明节还有插柳（纪念神农氏）、踏青、放风筝等民俗活动。

节气食单

青团

青团，又叫清明粑、艾叶粑。油绿如玉，糯韧绵软，清香扑鼻，是清明时节最有特色的江南节令食品。

袁枚在《随园食单》中写道：捣青草为汁，和粉做粉团，色如碧玉。

制作方法

①将"艾叶草"捣烂后挤压出汁。

②用汁和水磨纯糯米粉拌匀揉和，然后开始制作团子。

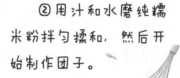

③团子的馅心用糖豆沙制成，包馅时，另放入一小块糖猪油。

④团坯制好后，入笼蒸熟，出笼时将熟菜油均匀地刷在团子表面，便大功告成了。

节气文化

节气诗词

江城子·乙卯①正月二十日夜记梦

〔宋〕苏轼

十年②生死两茫茫，不思量③，自难忘。千里④孤坟，无处话凄凉。纵使相逢应不识，尘满面，鬓如霜⑤。

夜来幽梦忽还乡，小轩窗⑥，正梳妆。相顾无言，惟有泪千行。料得年年肠断处，明月夜，短松冈⑦。

【注】

①乙卯（mǎo）：宋神宗熙宁八年（1075），其时苏东坡任密州（今山东诸城）知州。

②十年：指结发妻子王弗去世已十年。

③思量（liáng）：想念。

④千里：四川眉山王弗葬地与山东密州苏轼任所，相隔遥远，故称"千里"

⑤尘满面，鬓（bìn）如霜：形容年老憔悴。

⑥小轩窗：小室的窗前。

⑦短松冈：即矮松冈，苏轼葬妻之地。

【白话译文】

转眼，你我生死相隔已十年，强忍着不去思念你，却依然难以忘怀。你的孤坟远在千里之外，想要诉说心中的悲伤、凄凉都找不到地方。即使你我夫妻相逢，你也应该认不出我来了，因为四处奔波的我，早已是风尘满面、两鬓如霜。

昨天夜里，我在梦中又回到了家乡，看见你正在小屋的窗前对镜梳妆。你我相对无言，默默相视，泪落千行。料想那凄冷的月明之夜，月光照耀的长着小松树的荒寂的短松冈，就是我年年思念你，肝肠寸断的地方。

清明夜

〔唐〕白居易

好风胧月清明夜，碧砌红轩刺史家。

独绕回廊行复歇，遥听弦管暗看花。

清平乐·别来春半

〔南唐〕李煜

别来春半，触目柔肠断。砌下落梅如雪乱，拂了一身还满。

雁来音信无凭，路遥归梦难成。离恨恰如春草，更行更远还生。

都江堰清明"放水"

清明"放水节",是世界文化遗产都江堰水利工程所在地都江堰市的传统民俗文化,自公元978年开始,距今已有一千多年的历史。

每年的清明节在都江堰举行的隆重的放水大典,旨在庆祝都江堰水利工程竣工和进入春耕生产大忙季节,同时也为了纪念率众修建都江堰水利工程、造福成都平原的李冰父子,表达后人的感恩之心。"放水节"再现了成都平原农耕文化漫长的历史发展过程和民俗文化,体现了中华民族崇尚先贤、崇德报恩的优秀品质,具有弘扬传统文化的现实意义。

"放水节"的历史:

放水节初始于"祀(sì)水"。那是因为都江堰修筑以前,沿岷江两岸水患无常,人们饱受水患之苦。为了祈求"水神"的保护,常常沿江"祀水"。都江堰修筑成功后,成都平原从此水旱从人,不知饥馑。为了纪念伟大的李冰父子,人们将以前"祀水"改为了"祀李冰"。当地群众也自发地组织到二王庙祭祀李冰父子,举办二王庙庙会,又称清明会。

每到冬天枯水季节，人们在渠首用特有的"杩槎（mà chá，用来挡水的三脚木架）截流法"筑成临时围堰，维修内江时，拦水入外江；维修外江时，拦水入内江。清明节内江灌溉区需水春灌，便在渠首举行隆重仪式，撤除拦河杩槎，放水入灌渠。这个仪式就叫"开水"。

唐朝清明节在岷江岸边举行的"春秋设牛戏"，就是最早的"放水节"。公元978年，北宋政府正式将清明节这一天定为放水节。届时，地方官员要亲自主持放水仪式，举行盛大的庆典活动。

2006年，"放水节"被列为国家首批非物质文化遗产项目。

节气谚语

清明前后，种瓜点豆。

植树造林，莫过清明。

节气实践

一 节气体验活动

　　了解清明文化、习俗，和父母一起去踏青，祭奠亲人或祭祀先烈，追忆逝者。

一 节气观测

　▶ **节气测量**：测量清明节气的温度，了解气温的变化情况。连续记录一周。
　▶ **节气笔记**：清明前后，黄葛树发生变化了吗？洋槐树开花了吗？做一份关于清明的自然笔记，看看大自然在清明时节的面貌吧。

一 节气阅读

　　学唱歌曲：《清明》（谷建芬　曲）
　　乐曲欣赏：《祈祷》（古筝曲）
　　电影欣赏：《我们天上见》（导演：蒋雯丽）
　　阅读童书：《天蓝色的彼岸》（［英］艾利克斯·希尔）——用诙谐的笔调展示一个小男孩对生命的理解，启迪人们对于生与死的深深思索。

gǔ yǔ

谷 雨

　　谷雨是"二十四节气"的第六个节气，也是春季最后一个节气，每年公历4月19、20或21日，太阳到达黄经30°时，进入谷雨节气。

　　《月令七十二候集解》："谷雨，三月中。自雨水后，土膏脉动，今又雨其谷于水也……盖谷以此时播种，自上而下也。"谷雨来临，意味着寒潮天气结束，庄稼处于最佳生长期，播种、插秧成为农民主要的农事活动。

节气概述

节气字源

甲骨文	金文	小篆	楷书
谷	谷	阶	谷

甲骨文	金文	小篆	楷书
雨	雨	雨	雨

　　"谷雨"本应写作"穀（gǔ）雨"，"穀"是庄稼和粮食的总称。"谷"指两山之间的夹道。汉字简化的时候，复杂的"穀"被简化成了"谷"，"谷"也就有了粮食的含义。

节气三候

一候

萍始生

　　谷雨时节，雨水增多，浮萍开始生长。

二候

鸣鸠拂其羽

  五天后，布谷鸟开始提醒人们播种了。

三候

戴胜降于桑

  再过五天，桑树上开始见到戴胜鸟。

节气习俗

谷雨茶

喝谷雨茶

谷雨茶即雨前茶，又叫二春茶。这个时节的春梢芽叶肥硕，色泽翠绿，叶质柔软，富含多种维生素和氨基酸，香气宜人。一芽一嫩叶的谷雨茶泡在水里像展开旌旗的古代的枪，被称为旗枪；一芽两嫩叶的则像雀的舌头，被称为雀舌（以浙江杭州、贵州湄潭、四川蒲江、江苏金坛等地的雀舌为上品）。谷雨茶与清明茶同为一年之中的佳品。

此外，谷雨时节还有赏牡丹、祭海、走谷雨、祭祀文祖仓颉（jié）等习俗。

节气食单

香椿煎鸡蛋

谷雨前后的一段时间正是香椿（chūn）上市时节，这时的香椿醇香爽口，营养价值高。有"雨前香椿嫩如丝"之说，别具风味。

制作方法

①香椿洗净切成小碎。

②鸡蛋打入碗中。

③将香椿碎加入蛋液内搅匀。

④锅内入植物油烧至七分热，将香椿蛋液倒入锅中，翻炒数下，关火即可。

节气文化

节气诗词

七言诗

〔清〕郑板桥

不风不雨正晴和，翠竹亭亭好节柯①。

最爱晚凉佳客至，一壶新茗②泡松萝③。

几枝新叶萧萧竹，数笔横皴④淡淡山。

正好清明连谷雨，一杯香茗坐其间。

（图）缪玲

【注】

①节柯（kē）：竹子一节一节地生长。

②新茗（míng）：新茶。

③松萝：此处指一种绿茶。

④横皴（cūn）：中国画技法之一，涂出山石、峰峦和树身表皮脉络纹理的画法。

【白话译文】

没有风没有雨，正是天气晴朗之时。翠竹亭亭玉立，一节一节向上生长。最喜欢在清凉的夜晚，泡一壶松萝新茶招待来访的客人。在缭绕的茶香之中，给竹子添上几片新叶（似乎能听到竹叶沙沙作响），横皴数笔绘出淡淡的远山。清明之后正好是谷雨，泡上一杯香茶，静静地坐在竹林里，乐趣无穷。

赏牡丹

〔唐〕刘禹锡

庭前芍药妖无格，池上芙蕖净少情。

唯有牡丹真国色，花开时节动京城。

春暮游小园

〔唐〕王琪

一从梅粉褪残妆，涂抹新红上海棠。

开到荼蘼花事了，丝丝天棘出莓墙。

谷雨时节赏牡丹

谷雨前后，正值牡丹盛开，因此牡丹也叫谷雨花，是花卉中唯一一种以节气命名的花。民间流传着"谷雨过三天，园里看牡丹"的说法，赏牡丹作为谷雨时节重要的娱乐活动已绵延千年。

牡丹是原产中国的传统名花，栽培历史已有两千余年。在秦汉以前，牡丹原本无名，由于其枝叶、花形均与芍药相似，故被称为木芍药。

唐代，长安成为中国牡丹的栽培中心。这时期，国家空前昌盛，牡丹花事也随之繁荣。一到牡丹花期,长安城里，人们"共道牡丹时，相随买花去。灼灼百朵红，戋戋（jiān）五束素。……家家习为俗，人人迷不悟。"刘禹锡的"唯有牡丹真国色，花开时节动京城"，白居易的"花开花落二十日，一城之人皆若狂"，都生动形象地描述了长安牡丹兴起及全民赏花的空前盛况。

南宋时期，天彭(今四川省彭州市)牡丹发展很快，并享有盛名，很快成为四川乃至中国的牡丹栽培中心。天彭牡丹以"野趣之美"和"花大盈尺"闻名于世。曾客居成都的陆游遍访蜀中名园名花，对牡丹进行了详细的考察研究，著下《天彭牡丹谱》，称"牡丹在中州，洛阳为第

一；在蜀，天彭为第一"。对欧阳修的《洛阳牡丹记》颇不服气地表示："洛花见纪于欧阳公者，天彭往往有之。"书中，还记录了成都人赏花的热情："天彭号小西京（北宋指洛阳），以其俗好花，有京洛之遗风。大家至千本，花时自太守而下，往往即花盛处张饮，帘幕车马，歌吹相属，最盛于清明寒食时。"可见南宋时蜀人喜爱牡丹，花时狂欢的情景不亚于唐时洛阳。

如今，每年四月举办的彭州丹景山牡丹花会，与河南洛阳、山东菏泽的牡丹花会一样，游人如潮，成为闻名遐迩的牡丹观赏胜地。

 节气谚语

谷雨阴沉沉，立夏雨淋淋。

过了谷雨种花生。

节气体验活动

丹景山赏牡丹

▶ 了解并观赏牡丹，试着做一份PPT，以图片欣赏为主，介绍一下牡丹的品种、花期、生长习性。

讲仓颉故事

▶ "谷雨"节气有很多传说，其中之一与仓颉有关。我国有的地方至今仍把谷雨作为祭祀仓颉的节日。这是为什么？请你去了解一下，并讲给小伙伴听听吧。

节气观测

▶ **节气测量**：测量谷雨节气的温度，了解气温的变化情况。连续记录一周。

▶ **节气笔记**：在你的身边，谷雨节气时哪些节令水果上市了？尝过吗？去农家采摘过吗？用写绘的形式记录下来吧。

节气阅读

学唱歌曲：《春雨濛濛地下》（乔羽词、吴大明 曲）

欣赏乐曲：《采茶扑蝶》（民乐合奏）

阅读散文：《春之怀古》（张晓风）——缅怀一去不复返了的古代的春天，那纯净的温煦的仪态万千的春天。

小满

芒种

夏
XIA

夏至

小暑

大暑

立夏

lì xià

立夏

立夏是"二十四节气"中的第七个节气。每年公历5月5、6或7日，太阳到达黄经45°，进入立夏节气，表示盛夏时节的正式开始。

《月令七十二候集解》："立夏，四月节。立字解见春。夏，假也，物至此时皆假大也。"万物至此皆长大，故名立夏。在天文学上，立夏表示即将告别春天，是夏天的开始。

节气概述

节气字源

甲骨文	金文	小篆	楷书
大	大	大	立

甲骨文	金文	小篆	楷书
			夏

　　甲骨文的"夏",本像一个手持斧钺、强壮威武的武士。最初作为中原古部族的图腾,后逐渐成为中原古部族名称,与四周少数部族相对,也叫华夏、诸夏。

节气三候

一候

蝼蝈鸣

　　蝼（lóu）蝈,即蝼蛄,俗名土狗。立夏时聚集在田间穴土中开始鸣叫。

蚯蚓出

蚯蚓，又名地龙，此时感阳气出，开始掘土。

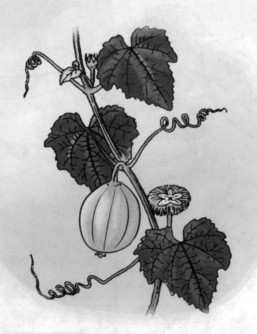

王瓜生

王瓜又名土瓜，此阶段王瓜的蔓藤开始快速攀爬生长。

节气习俗

斗蛋

斗蛋

立夏时节，大人用丝线编成蛋套，装入煮熟的鸡蛋鸭蛋，挂在小孩脖子上。孩子们便三五成群，进行斗蛋游戏。蛋分两端，尖者为头，圆者为尾。斗蛋时蛋头斗蛋头，蛋尾击蛋尾。一个一个斗过去，破者认输，最后分出高低。蛋头胜者为第一，蛋称大王；蛋尾胜者为第二，蛋称小王或二王。

此外，古时立夏还有迎夏、称人、疰（zhù）夏绳的习俗。

节气食单

清炒豌豆荚

带壳豌豆形如眼睛，人们以吃豌豆来祈祷眼睛可以像新鲜豌豆那样清澈。无病无灾，能"巧笑倩兮，美目盼兮"。豌豆荚可煮、可炒、可生吃。

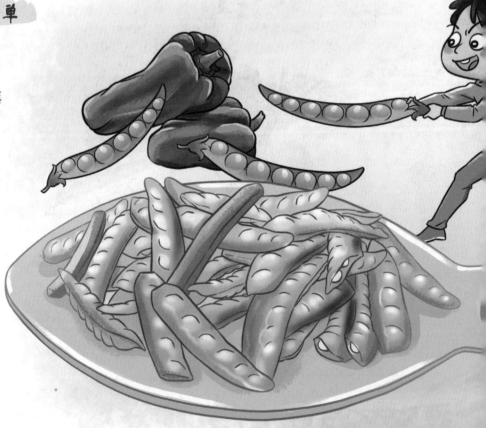

制作方法

①豌豆荚去除老筋，洗净备用。

②锅中放少许油，入葱花煸炒出香味。将豆荚倒入锅中翻炒。

③加入适量盐和清水，继续翻炒，盖盖子焖两分钟。

④翻炒均匀，出锅即可。

节气文化

节气诗词

立夏

〔宋〕赵友直

四时^①天气促相催，一夜薰风^②带暑来。

陇亩^③日长蒸翠麦，园林雨过熟黄梅。

莺啼春去愁千缕，蝶恋花残恨几回。

睡起南窗情思倦，闲看槐荫满亭台。

【注】

① 四时：指四季。

② 薰（xūn）风：和暖的风。指初夏时的东南风。

③ 陇（lǒng）亩：田野。

【白话译文】

　　四季似乎在相互催促着交替更替，一夜和暖的风带来了夏的脚步。骄阳下，田野里，翠绿的麦穗已开始微微泛黄。新雨过后，园林里，诱人的黄梅透出阵阵芳香。黄莺在枝头啼鸣，倾诉春天离去的愁绪，彩蝶在凋零的花间驻留回旋，不知又有多少遗恨。睡眼惺忪的我独倚窗前，静静地注视着槐荫遮掩下的亭台。

初夏绝句

〔宋〕陆游

纷纷红紫已成尘，布谷声中夏令新。

夹路桑麻行不尽，始知身是太平人。

初夏村居二首（其一）

〔清〕敦诚

柳荫初浓麦浪微，

杳无人迹到柴扉。
yǎo

日长挂起蓬窗卧，

满院野花蛱蝶飞。

立夏称人

古诗云："立夏称人轻重数，秤悬梁上笑喧闺。"立夏之日的"称人"习俗是测量体重变化趋势的一种活动，起源于三国，主要流行于我国南方。每逢此节，家家用大秤称人。至立秋日，又称一次，看经过苦夏，瘦了多少。这种习俗对维护身体健康，及时诊治身体病症有一定的积极意义。

吃完立夏饭后，在横梁上挂一杆大秤，男女老幼依次上秤，计其轻重，以与去年比较胖瘦。孩童则坐在箩筐内或四脚朝天地躺着，将箩筐吊在秤钩上称体重，谓立夏过秤可免疰（zhù）夏（夏令的季节性病症，方言称"苦夏"）。若体重增，称"发福"；体重减，谓"消肉"。

传说一：相传赵子龙单枪匹马入曹营救回阿斗后，刘备觉得带在身边不方便，吴国气候好，就让赵子龙护送阿斗去吴国，交给孙夫人抚养。到吴国时正好是立夏节。孙夫人一见白白胖胖的小阿斗，非常欢喜。但孙夫人也有顾虑，毕竟是晚娘，万一有个差错，不仅夫君面上不好交代，在朝廷内外也会留下话柄。美丽聪明的孙夫人想了一个好办法：当天正是立夏，用秤把阿斗在子龙面前称一称，到第二年立夏节再称，就知道孩子养得好不好了。打定主意后，将小阿斗过秤。赵子龙觉得新鲜，也顺口讲了一句吉利话："娘娘，孩子钩住了，准平安，养得好。"以后每年立夏节，孙夫人都把阿斗称一称，然后向刘备报告，就这样，形成了立夏称人的习俗。

传说二：相传孟获被诸葛亮收服，归顺蜀国之后，对诸葛亮言听计从。诸葛亮临终嘱托孟获每年要看望蜀主一次。嘱托之日，正好是这年立夏，孟获当即去拜阿斗。从此以后，每年夏日，孟获都依诺来蜀拜望。后来，司马炎灭蜀掳走阿斗，而孟获不忘丞相之托，每年立夏仍带兵去洛阳看望阿斗，每次去都要称阿斗的重量，以验证阿斗是否被晋武帝亏待。并且扬言如果晋武帝亏待阿斗，就要起兵反晋。晋武帝就在每年立夏这天，用糯米加豌豆煮饭给阿斗吃。阿斗见豌豆糯米饭又糯又香，就加倍吃下。孟获进城称人，每次都比上年重几斤。阿斗有孟获立夏称人之举，晋武帝也不敢欺侮他，日子过得清静安乐，福寿双全。

节气谚语

豌豆立了夏，一夜一个杈。

立夏麦咧嘴，不能缺了水。

节气实践

节气体验活动

斗蛋

立夏这天将煮好的鸡蛋，放入彩色的丝网袋里，挂在脖子上带到学校，和同学来一场斗蛋游戏，这一定是件快乐的事。赶紧行动，"蛋王"的桂冠正等着你呢！

节气观测

▶ **节气测量**：测量立夏节气的温度，了解气温的变化情况。连续记录一周。

▶ **节气笔记**：立夏时节，蚯蚓出，蝼蝈鸣。蚯蚓和蝼蝈的生活习性不同，它们一个被农民称为益虫，一个则是不受人欢迎的害虫。你知道谁是益虫谁是害虫吗？做个小调查吧。你还知道哪些益虫和害虫？能发现多少种？

节气阅读

欣赏乐曲：《石上流泉》（古琴）

《夏天》（［日］久石让）

阅读绘本：《30000个西瓜逃跑了》（［日］安芸备后）

阅读散文：《夏感》（梁衡）——历代文人不知写了多少春花秋月，为什么唯独少有夏的影子？

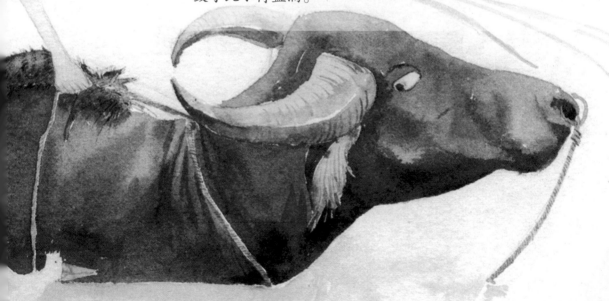

xiǎo   mǎn

小 满

　　小满是"二十四节气"的第八个节气。每年公历5月20、21或22日，太阳到达黄经60°时，进入小满节气。这时全国北方地区麦类等夏熟作物籽粒已开始饱满，但还没有成熟，大约相当于乳熟后期，所以叫小满。

　　小满之"满"意为全部充实，没有余地；十分，全。《月令七十二候集解》："四月中，小满者，物致于此小得盈满。"

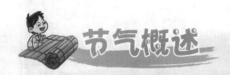

节气概述

节气字源

甲骨文	金文	小篆	楷书		小篆	楷书
⦙⦙	八	川	小		滿	满

"小"字一般写作三个小竖点，这些点是沙粒，用以表示物体之小。

满，本义为水充满容器，饱和、满溢。后引申出自满、饱满、足够、全部、达到等义。

节气三候

一候

苦菜秀

苦菜是中国人最早食用的野菜之一，此时苦菜已经长得很繁茂。

靡（mí）草死

　　一些喜阴的枝条细软的草类在强烈的阳光下开始枯死。

三候

麦秋至

　　至，到也。秋者，指百谷成熟之时，三候到，麦子开始成熟了。

节气习俗

祈蚕节

相传,轩辕(xuān yuán)帝的元妃嫘(léi)祖,教会人们栽桑养蚕,缫(sāo)丝制衣,被称为"先蚕娘娘"。气温、湿度以及桑叶的冷、熟、干、湿等均影响蚕的生存,故古人把蚕视作"天物"。为了祈求"天物"的宽恕,期盼养蚕有个好的收成,人们在小满日,即先蚕娘娘的生日这天举行祈蚕节。

在古蜀国,先祖蚕丛教人们种桑养蚕,死后蜀人感其德,祀蚕丛为青衣神(蚕神),将其出生地命名为青神县。

此外,小满的习俗还有祭三车(丝车、油车、水车)、抢水、食苦菜等。

蚕

节气食单

凉拌苦菜

"小满之日苦菜秀。"苦菜是中国人最早食用的野菜之一。药名叫败酱草,李时珍称它为"天香草"。

《诗经》云："采苦采苦，首阳之下。"夏日食苦，取其清热解毒、安心益气的良效。

制作方法

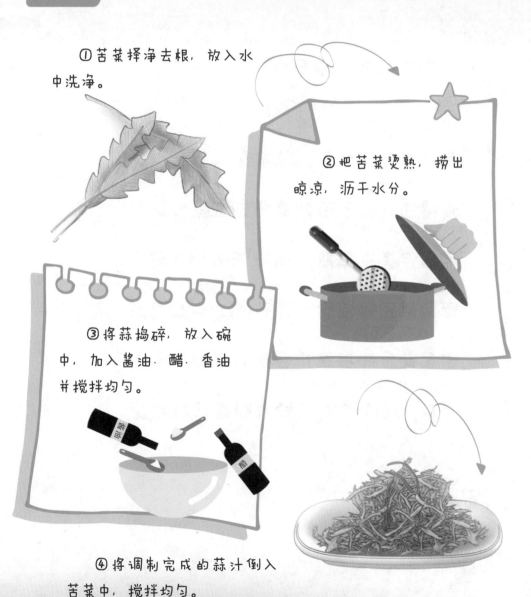

①苦菜择净去根，放入水中洗净。

②把苦菜烫熟，捞出晾凉，沥干水分。

③将蒜捣碎，放入碗中，加入酱油、醋、香油并搅拌均匀。

④将调制完成的蒜汁倒入苦菜中，搅拌均匀。

节气文化

节气诗词

归田园四时乐春夏二首（其二）

〔宋〕欧阳修

南风原头吹百草，草木丛深茅舍小。

麦穗初齐稚子娇，桑叶正肥蚕食饱。

老翁但喜岁年熟，饷妇^①安知时节好。

野棠梨密啼晚莺，海石榴红啭^②山鸟。

田家此乐知者谁？吾独知之归不早。

乞身^③当及强健时，顾我蹉跎已衰老。

【注】

①饷（xiǎng）妇：操劳的主妇。

②啭（zhuàn）：鸟婉转地鸣叫。

③乞身：古代官吏请求辞官。

【白话译文】

夏季的风吹动了原上百草，隐隐可见草丛深处的小小茅舍。田里的麦子已抽穗整齐，在风中似孩子般摇头晃脑，桑树的叶子肥壮饱满，可供蚕儿尽情饱食。老翁喜气洋洋，因为又到了一年成熟的季节，操劳的主妇不会不知道哪个季节最重要。

野棠梨树上有黄莺啼叫，海石榴红了，山林中鸟儿也婉转地鸣叫起来。有谁知道农家的乐趣呢？只有我知道这些。天不早了，该回家了。我应该趁身强力壮的时候辞官退隐享受这田园生活。可惜，岁月蹉跎，明白这些道理时，我已经衰老了。

五绝·小满

〔宋〕欧阳修

夜莺啼绿柳，皓月醒长空。

最爱垄头麦，迎风笑落红。

乡村四月

〔宋〕翁卷

绿遍山原白满川，子规声里雨如烟。

乡村四月闲人少，才了蚕桑又插田。

人生最妙是小满

在二十四节气里，很多节气是一一对应的：有小暑就有大暑，有小雪就有大雪，有小寒就有大寒。只有一个例外，那就是，只有"小满"而没有"大满"——小满过后是芒种。

为什么偏偏只有小满，没有大满？是老祖宗的疏忽吗？

当然不是。

首先，不设"大满"符合物候规律。

小满只是小收，小收之后还要等待着秋天的大收。小满之后是芒种，"芒"指麦类等有芒植物的收获，"种"指夏种作物开始播种的节令。所以"芒种"也称为"忙着种"，此时人们为金秋时节的大丰收而辛勤耕耘，等到真正秋收的时候，才是大满。

其次，不设"大满"符合中国的传统儒家智慧。

《说文解字》说："满，盈溢也。"中国儒家传统讲究中庸之道，相信事物都有自己的发展极限，一旦达到或超过这一限度，就会趋于衰落，或者向自己的对立面转化，正所谓"水满则溢，月盈则亏"。

所以，小满，是满而不损，满而不盈，满而不溢。"小得盈满"是

将熟未熟还有向上的空间，是仍有余地还可以继续增长。"太满""大满"则是过满招损，过满则溢。

如此看来，老祖宗在命名二十四节气时，只设"小满"而不设"大满"，不是疏忽，而是智慧。

小满，是一年中最佳的季节，一个充满哲理的节气；小满，也是人生最佳的状态，人们生活的法则。

节气谚语

麦到小满日夜黄。

小满枇杷半坡黄。

节气实践

节气民俗体验

斗蚕

将自己养的蚕宝宝带到班级和其他同学的比一比，谁的蚕宝宝壮实？谁的蚕宝宝身长？再给自己的蚕宝宝取一个有意思的名字。

节气观测

▶ **节气测量**：测量小满节气的温度，了解气温的变化情况。连续记录一周。

▶ **节气笔记**：到郊外麦田观察麦子此时的形状，可以拍照片，可以绘画。

节气阅读

乐曲欣赏：《夏夜》（小提琴独奏 杨善乐 曲）

阅读绘本：《夏天》（曹文轩/文，郁蓉/图）

阅读书籍：《二十四节气志》（宋英杰）——"中国气象先生"宋英杰，集多年专业经验写出《二十四节气志》，笔触细腻，抽丝剥茧，环环相扣。其资料之翔实，图文之美茂，令人尽享读书之乐。

máng　　zhòng

芒种

　　芒种是"二十四节气"中的第九个节气，在每年公历6月5、6或7日，此时太阳到达黄经75°，进入芒种节气。"芒种"指有芒的作物（麦）应收，有芒的作物（稻）当种。这是一个关于农候的节气。因"芒种"与"忙种"谐音，所以，民间也称这个节气为"忙着种"。

　　《月令七十二候集解》："五月节，谓有芒之种谷可稼种（zhòng）矣。""芒种"到来预示着农民开始了忙碌的田间生活。此时长江中下游地区将进入多雨的黄梅时节。

节气概述

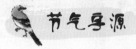

节气字源

小篆	楷书	小篆	楷书
芒	芒	種	种

"芒"，本义指草木头上的细刺。引申为刀剑的锋芒。"种"，指培植并收获庄稼。

节气三候

一候

螳螂生

螳螂在前一年深秋产卵于林间，一壳百子，此时小螳螂破壳而出。

䴗（jú）始鸣

喜阴的伯劳鸟开始在枝头出现，因感受到阴气而鸣叫。

反舌无声

喜欢学习其他鸟叫的反舌鸟，因感到阴气而停止鸣叫。

花

送花神

芒种送花神的习俗，在明清时期十分盛行。每到芒种时，已经是农历五月，这个时期已经过了花开时期，群芳摇落，百花凋零，花神退位，人世间便要隆重地为花神饯（jiàn）行，以示感激花神给人类带来的美，盼望来年再次相会。此俗今已不存，但从曹雪芹的《红楼梦》第二十七回中可见大户人家芒种节为花神饯行的热闹场面。

芒种的习俗还有打泥巴仗、安苗求丰收、煮梅等。

红枣赤豆粽

粽子，早在春秋之前就已出现，又称"角黍""筒粽"，是中华民族传统节庆食物之一。

包粽子取用的食材及包粽的方式因地域不同，故其品种极为繁多。

制作方法

①把泡好的糯米加适量的盐、生抽拌匀。红枣赤豆备用。

②再将粽叶冲洗干净，入水煮软后沥出。

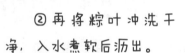

③粽叶裹成尖筒状，装入适量糯米、红枣和赤豆，并用竹筷插紧实。

④绑紧粽子，放入蒸锅中，加入适量水，煮熟就可食用了。

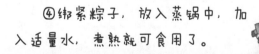

109

节气文化

节气诗词

观刈^①麦（节选）

〔唐〕白居易

田家少闲月，五月人倍忙。

夜来南风起，小麦覆陇^{lǒng}黄。

妇姑荷^②^{hè}箪^③^{dān}食，童稚携壶浆^{xié}。

相随饷田^④^{xiǎng}去，丁壮在南冈。

【注】

① 刈（yì）麦：割麦子。

② 荷（hè）：担着。

③ 箪（dān）：古代盛饭用的竹器。

④ 饷（xiǎng）田：送饭到田间。

【白话译文】

农家一年四季没有闲暇之时，到了五月越发繁忙。夜里传来和暖的南风，熟透的小麦覆盖了田间小路，金灿灿一片。妇女们用筐担着食物，孩子们提着盛满汤水的壶，相伴到田地里送饭食，男人们正在南山上辛苦劳动着。

喜晴

〔宋〕范成大

窗间梅熟落蒂，墙下笋成出林。

连雨不知春去，一晴方觉夏深。

插秧歌

〔宋〕杨万里

田夫抛秧田妇接，小儿拔秧大儿插。

笠是兜鍪(móu)蓑是甲，雨从头上湿到胛(jiǎ)。

唤渠朝餐歇半霎，低头折腰只不答。

秧根未牢莳(shì)未匝(zā)，照管鹅儿与雏鸭。

节气文化链接

粽情飘香话端午

"五月五，是端阳。门插艾，香满堂。
吃粽子，洒白糖。龙舟下水喜洋洋。"
诵读着这欢快的江南民谣，群龙飞渡，百舸争流，万粽飘香的中华民族的传统节日，端午节就又将向我们走来。

每年的农历五月初五是端午节（每隔两年就有一次端午节出现在芒种节气之中），迄今已有2500余年历史。

"端"有"初始"的意思，"端五"就是"初五"。而按照历法，五月正是"午"月，因此"端五"就渐渐演变成了"端午"。端午也被称为"端五""端阳""龙船节""蒲节""重五节"等，与春节、清明、中秋节并称为中国的四大传统节日。

端午节的习俗活动中有着丰富的文化内涵。

采药祛病，驱毒避邪

古人认为"重午"是犯禁忌的日子，此时五毒尽出。加之端午节时值阴历五月，气候潮湿多变，此时人体免疫力最低，也是瘟疫流行的季节。因此端午习俗多为驱邪避毒，人们采药来驱除毒气，以顺利度过这个恶月。这样在此日插菖蒲、艾叶以祛毒；薰苍术、白芷和喝雄黄酒以避疫就成了顺理成章的事。

祈愿和平，躲避兵灾

历代的战争给百姓带来无尽的灾难，因此，人们在端午节的各种活

动中对避兵灾寄予了理想。《荆楚岁时记》谓五月五日以"五彩丝系臂，名曰辟兵"，即指五彩丝有避兵灾的用途，寄予了人们对战争的恐惧和厌倦，对和平生活的无限向往。

龙舟竞渡，追思先哲

汉末魏晋之时，关于端午节的来历，在吴越传说中，是为了纪念军事家伍子胥；会稽人以此日纪念孝女曹娥；山西人以此日纪念晋国的忠义之士介子推。《荆楚岁时记》言："五月五日竞渡，俗为屈原投汨罗日……"该观点认为竞渡是为了纪念屈原。由于屈原的情操为人敬仰，此说很快取代了其他诸说并产生了广泛而深远的影响。这一平常的夏季节日，在唐宋之后逐渐升华为一个全国性的民俗大节。龙舟竞渡活动则将端午节推向高潮。宋代词人杨无咎《喜山溪》词云："崇仙岸左，争看竞龙舟，人汹汹，鼓冬冬，不觉金乌坠。"

2009年9月30日，中国"端午节"名列《人类非物质文化遗产代表作名录》中，成为中国首个入选世界非遗的节日。

节气谚语

端午吃杏，到老没病。

夏种晚一天，秋收晚十天。

节气实践

节气体验活动

包粽子

▶ 包粽品粽是最具代表性的端午节习俗活动之一。跟长辈们学学包粽子吧，一边品尝自己包出的香喷喷的粽子，一边了解关于端午节的各种传说故事，一定是最有滋味的事。

香囊秀

▶ 香囊里装上雄黄、香草等，有驱蚊、避五毒、强身健体的作用。可以自己动手试着做一个。

节气观测

▶ **节气测量**：测量芒种节气的温度，了解气温的变化情况。连续记录一周。

▶ **节气笔记**：认真聆听大自然的声音，记录每天能听到几种鸟叫的声音，记录下来；猜一猜、查一查是哪些鸟儿。

节气阅读

歌曲欣赏：《赛龙舟》（刘和刚 演唱）

乐曲欣赏：《旱天雷》（民乐合奏）

阅读书籍：《成都物候记·女贞》（阿来）

阅读小说：《芒种的歌》（丰子恺）——"音乐并不完全是享乐的东西，并非时时伴着兴味的。在未学成以前的练习时期……需要更多的努力和忍耐！"《芒种的歌》中，不正说明了先苦后甜、先耕耘后收获的道理吗？

xià zhì

夏至

　　夏至是"二十四节气"中的第十个节气。每年公历6月21日或22日，太阳运行至黄经90°时，进入夏至节气。此时太阳直射地面的位置到达一年的最北端，直射北回归线。

　　《月令七十二候集解》："夏至，五月中……夏，假也；至，极也；万物于此皆假大而至极也。""至"是"极"的意思，夏至也叫"日长至"。此时，北半球的日照时间最长。过了夏至，太阳的直射点逐渐往南移动，北半球的白天就会一天比一天短。

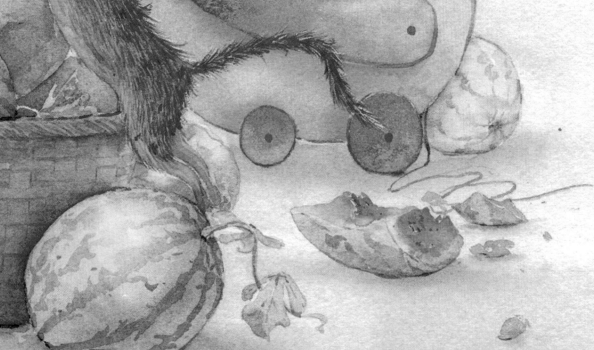

节气概述

节气字源

甲骨文	金文	小篆	楷书		甲骨文	金文	小篆	楷书
			夏					至

"至"字上面部分表示"箭"，最下面的一横表示地面，指远处的箭落到眼前的地面。

节气三候

一候

鹿角解

夏至日阴气生而阳气始衰，所以阳性的鹿角便开始脱落。

蜩始鸣

　　蜩（tiáo）即夏蝉，俗称"知了"。知了感阴气渐生便鼓翼而鸣。

半夏生

　　半夏是一种喜阴的药草，在炎热的仲夏，喜阴的半夏开始生长。

节气习俗

夏至面

吃夏至面

自古，中国民间就有"冬至馄饨夏至面"的说法，民间有"吃过夏至面，一天短一线"的说法。南方的面条品种多，如阳春面、干汤面、肉丝面、三鲜面、过桥面及麻油凉拌面等，而北方则是打卤面、凉面、伏面和炸酱面。因夏至新麦已经登场，所以夏至吃面也有尝新的意思。

此外，夏至的习俗还有消夏避伏、吃夏至饼、食豆荚等。

节气食单

过水面

夏至节有吃凉面的习俗。清代潘荣陛《帝京岁时纪胜》记载："是日，家家俱食冷淘面"，即过水面是也。

①一小把韭菜切碎，急火快炒。

②一根黄瓜、一根胡萝卜，切成细丝；一点咸菜，切成碎末；剥几瓣蒜，捣成蒜泥，放到小碗中加醋。

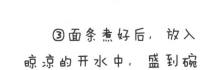

③面条煮好后，放入晾凉的开水中，盛到碗里，加上各种配料。

④做成口味颇佳的过水面。

夏日南亭怀辛大①

〔唐〕孟浩然

山光②忽西落，池月③渐东上。

^{sàn}
散发乘夕凉，开轩④卧闲敞⑤。

荷风送香气，竹露滴清响⑥。

欲取鸣琴弹，恨⑦无知音赏。

感此怀故人，中宵⑧劳⑨梦想。

【注】

①辛大：孟浩然的朋友，在家排行老大，故称辛大。

②山光：傍山的日光。

③池月：池边的月色。

④开轩（xuān）：开窗。

⑤卧闲敞：躺在幽静宽敞的地方。

⑥清响：极细微的声音。

⑦恨：遗憾。

⑧中宵：整夜。

⑨劳：苦于。

【白话译文】

　　傍山的日影忽然西落，池塘上的月亮从东面渐渐升起。我披散着头发在夜晚尽享清凉。打开窗户，我躺卧在幽静宽敞的地方。一阵微风送来荷花的香气，露水从竹叶上滴下，发出清脆的响声。想要拿琴来弹奏，可惜没有知音来欣赏。我不由得感慨万千，怀念起老朋友来，整夜都在梦中苦苦地思念他。

鹤冲天·溧水长寿乡作
〔宋〕周邦彦

梅雨霁，暑风和。高柳乱蝉多。小园台榭远池波。鱼戏动新荷。

薄纱厨，轻羽扇。枕冷簟凉深院。此时情绪此时天。无事小神仙。

鹧鸪天
〔宋〕苏轼

林断山明竹隐墙。乱蝉衰草小池塘。翻空白鸟时时见，照水红蕖细细香。

村舍外，古城旁。杖藜徐步转斜阳。殷勤昨夜三更雨，又得浮生一日凉。

梅雨里的诗意

每年六月中旬到七月上旬前后，是江南一带的梅雨季节。此时正值江南梅子黄熟之时，故称"梅雨"或"黄梅雨"。这段时间里，天空连日阴沉，降水连绵不断，时大时小。

有人说，江南的梅雨天和北方的沙尘暴天一样令人生厌。然而，梅雨季节的充沛雨水对农作物生长尤其是对水稻插秧十分有利，是一年耕作的最佳时段。

早在晋代，已有"夏至之雨，名曰黄梅雨"的记载。自唐宋以来，一些诗词对梅雨更有了许多妙趣横生的描述。

梅雨霁，暑风和。高柳乱蝉多。小园台榭远池波。鱼戏动新荷。（宋·周邦彦《鹤冲天》）

雨细梅黄，去年双燕还归。多少繁红，尽随蝶舞莺飞。（宋·赵彦端《新荷叶》）

被古人称为"贺梅子"的宋代词人贺铸，以他《青玉案》中一句"试问闲愁都几许，一川烟草，满城风絮，梅子黄时雨"享誉天下。草，是烟雾中的草，无边无际；絮，是空中飞动的絮，随风飘转；雨，是下个不停、如雾如烟的雨。不尽穷愁，唯见烟草、风絮，梅雨如雾。朦胧的愁绪正契合了梅雨的自然特征，极富诗意，可谓珠联璧合。

梅雨的主要气候特征是雨期长，雨量大，气温高、空气湿度大。所以，我国南方流行着这样的谚语："雨打黄梅头，四十五日无日头。"

唐诗宋词里的一些诗句形象地表现了这些特征。如：

梅天下梅雨，纷纷如乱丝。（宋·梅尧臣《五月十日雨中饮》）

黄梅时节家家雨，青草池塘处处蛙。（宋·赵师秀《有约》）

除了细致地描写正常梅雨期的迹象，古人还对非正常梅雨期也做了描写。如杜甫的《梅雨》："南京（指安史之乱时的成都）犀浦道，四月熟黄梅。湛湛长江去，冥冥细雨来。"犀浦（属成都府的一个县）的梅雨比正常的梅雨季节要早一个月左右，看来古人对生活的观察甚于今人。再如宋代曾几《三衢道中》："梅子黄时日日晴，小溪泛尽却山行。"这首诗讲梅子熟透的时候，天天都是晴和的天气。这种现象属于"干黄梅"，指梅雨季节雨水特少，高温比往年来得早，而且持续时间长。

你看，透过唐诗宋词，我们是不是窥见了浸淫在梅雨中的一幅古今风情图卷？

节气谚语

吃了夏至面，一天短一线。

芒种火烧天，夏至雨涟涟。

节气实践

节气体验活动

煮过水面

按照节气食单的制作方法煮一碗香喷喷的过水面。如果在面里加香菜、麻油，味道会更鲜美！

节气观测

▶ **节气测量**：测量夏至节气的温度，了解气温的变化情况。连续记录一周。

▶ **节气笔记**：到树林里聆听蝉之声，记录在夏天第一次和最后一次听到蝉鸣的时间，查资料，了解蝉的生活周期。

节气阅读

学唱歌曲：《童年》（罗大佑 词曲）

乐曲欣赏：《湛蓝的天空》（古筝）

阅读绘本：《魔法的夏天》（［日］藤原一枝）

阅读散文：《北平的夏天》（老舍）——青杏儿、香瓜、酸梅糕、嫩藕、菱角……这些再平常不过的东西，在老舍的眼中却都是宝贝，老舍如数家珍般地把它们展现出来。

小暑是"二十四节气"中的第十一个节气，每年公历7月6、7或8日，太阳到达黄经105°时，进入小暑节气。

　　《月令七十二候集解》："小暑，六月节……暑，热也，就热之中分为大小，月初为小，月中为大，今则热气犹小也。"暑，表示炎热的意思，小暑为小热，意指天气开始炎热，还没到最热。

xiǎo　shǔ

小暑

二十四节气之 11

节气概述

节气字源

甲骨文	金文	小篆	楷书		小篆	楷书
小	小	小	小		暑	暑

"暑"，天气热。"者"即"煮"，火气在下，骄阳在上，人如在蒸笼之中，形容天气灼热。

节气三候

一候

温风至

温风，即热风。小暑时节，大地上便很难再有凉风了。

蟋蟀居宇

由于炎热，蟋蟀离开了田野，到庭院的墙角下以避暑热。

三候

鹰始鸷（zhì）

鸷：凶猛。因为气温太高，老鹰飞入清凉的高空活动。

节气习俗

晒伏

晒伏

相传"六月六"是龙宫晒龙袍的日子。因为这一天，差不多是在小暑的前夕，经过春雨、梅雨，家中十分潮湿，所以古人都会在小暑这天，趁着炎炎烈日，将衣裳、棉被、书画搬出来接受太阳的暴晒，称"晒伏"，以去潮，去湿，防霉防蛀。

此外，小暑还有吃藕、食新、斗画眉、簪茉莉（将茉莉花用细铁丝扎成花球、花带，供女子佩戴）、扑流萤等习俗。

节气食单

蜜汁藕

民间素有小暑吃藕的说法。藕具有"气味甘平，消食解渴"的功效。

早在清咸丰年间，莲藕就被钦定为御膳（帝王享用的饮食）贡品了。

制作方法

①藕洗净，切去藕节一端。

②糯米浸泡 3~4小时。藕孔内灌满糯米后用牙签把切下的藕节固定封严。

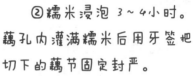

③将藕放入笼屉，旺火蒸30分钟，取出，用清水浸泡两分钟，撕去藕皮晾干。

④切成厚块，整齐地摆入碗内，加入白糖，再入笼屉，旺火蒸10分钟，待糖熔化透味时取出即可食用。

节气文化

节气诗词

爱莲说

〔宋〕周敦颐（dūn yí）

水陆草木之花，可爱者甚蕃（fán）。晋陶渊明独爱菊。自李唐来，世人甚爱牡丹。予独爱莲之出淤泥①而不染，濯②清涟③而不妖，中通外直，不蔓不枝④，香远益清⑤，亭亭净植⑥，可远观而不可亵玩⑦焉。予谓⑧菊，花之隐逸者也；牡丹，花之富贵者也；莲，花之君子者也。噫！菊之爱，陶后鲜⑨有闻。莲之爱，同予者何人？牡丹之爱，宜乎众矣！

【词句注释】

①淤（yū）泥：污泥。

②濯（zhuó）：洗涤。

③清涟：水清而有微波，这里指清水。

④不蔓（màn）不枝：不生蔓，不长枝。

⑤香远益清：香气远播，愈加使人感到清雅。益：更加。

⑥亭亭净植：笔直地洁净地立在那里。亭亭：耸立的样子。植：树立。

⑦亵（xiè）玩：玩弄。

⑧谓：认为。

⑨鲜（xiǎn）：少。

【白话译文】

　　在陆地和水上生长的花草，值得喜爱的有很多。晋代的陶渊明唯独喜欢菊花。自李氏唐朝以来，世人大多喜爱牡丹。我却独爱莲花从淤泥里长出却不被污染，经过清水的洗涤也不显得妖艳（的品质）。（莲花的茎）中间贯通、外形挺直，不牵牵挂挂，也不枝枝绊绊，香气传得越远则越发清纯，笔直洁净的竖立在水中。喜爱它的人们只可以远远地观赏它，但不可以轻易地玩弄它！我认为，菊花是花中的隐士；牡丹是花中的富贵者；莲花是花中的君子。唉！喜欢菊花的人，在陶渊明之后就很少听到了。喜欢莲花的，像我一样的人又有谁呢？喜欢牡丹，那是大众之爱。

小暑六月节

〔唐〕元稹

倏忽温风至，因循小暑来。

竹喧先觉雨，山暗已闻雷。

户牖深青霭，阶庭长绿苔。

鹰鹯新习学，蟋蟀莫相催。

消暑

〔唐〕白居易

何以消烦暑，端坐一院中。

眼前无长物，窗下有清风。

散热有心静，凉生为室空。

此时身自保，难更与人同。

小暑赏荷正当时

荷花多生长于长江流域一带，又称莲、菡萏（hàn dàn）、芙蕖等。菡是荷花未吐，萏是荷叶嫩葩，盛开后称"芙蕖"。每年4月上旬萌芽；5月立叶挺水；6月下旬至8月上旬为盛花期；9月中下旬为地下茎(藕)成熟期；10月中下旬为茎叶枯黄期，整个生育期共约160-190天。

在中国传统文化中，"荷花"寓意着纯洁、坚贞、吉祥，纵使是在污浊的环境中，荷花也能洁身自好，保持自己高尚的品德，素有"花中君子"之美称。

自古以来，人们就喜爱荷花，荷花是最富于情趣的诗词吟咏对象和花鸟画创作题材，文人墨客以荷花为题材留下了无数诗篇佳作。

《诗经·彼泽之陂（bēi）》："彼泽之陂，有蒲菡萏，有美一人，硕大且俨。"诗中将荷花比作丰腴美貌的女性。

屈原在《离骚》中写道："制芰（jì）荷以为衣兮，集芙蓉以为裳。"芙蓉是荷花的别称，这里将荷作为高洁、美好的象征。

"江南可采莲，莲叶何田田。鱼戏莲叶间，鱼戏莲叶东，鱼戏莲叶西，鱼戏莲叶南，鱼戏莲叶北。"汉乐府民歌《江南》的荷丛采莲读来令人心旷神怡。

宋代周敦颐著有《爱莲说》，把莲和人联系起来，莲花于是成为美好品质的载体。因"青莲"与"清廉"谐音，所以莲花也象征为官清正廉明。黄庭坚则在《赣上食莲有感》中有"莲生淤泥中，不与泥同调"

之赞，他认为莲花具有洁身自好、不同流合污的高尚品格。

荷花，寄托着中华民族追寻真、善、美的心路历程，展示着一种清廉高洁的民族精神。

小暑时节，荷花绽放。月光之下，吟诵着周敦颐的《爱莲说》、读读朱自清先生的《荷塘月色》，伴着清风、闻着荷香、赏着月色，一起惬意消暑吧。

节气谚语

小暑热得透，大暑凉飕飕。

小暑不种薯，立伏不种豆。

节气实践

节气体验活动

赏荷花

夏日荷花别样红。又到观荷摘莲戏水的时节，和父母、伙伴们一起去赏荷花吧，可以食莲、尝藕、赏莲、戏荷，还可以背诵和荷花有关的诗词，尝试用国画的方法画荷花。

节气观测

▶ **节气测量**：测量小暑节气的温度，了解气温的变化情况。连续记录一周。

▶ **节气笔记**：小暑时节，出梅入伏，正是暴雨集中的时节。连续观察并记录小暑节气里下雨的天数，想办法测量小暑节气的雨量。

节气阅读

学唱歌曲：《江南》（谷建芬 曲）

乐曲欣赏：《莲动荷风》（箫与钢琴合奏）

阅读散文：《清塘荷韵》（季羡林）

《荷塘月色》（朱自清）——朱自清先生的写景散文如同"工笔画"，景物描绘精雕细刻，细腻传神。字里行间弥漫着淡淡的哀伤，透着清新、自然、典雅的美。

大暑是"二十四节气"中的第十二个节气，也是夏季的最后一个节气。每年公历7月22、23或24日，太阳位于黄经120°时，进入大暑节气。

　　《月令七十二候集解》："大暑，六月中。解见小暑。"大暑节气正值"三伏天"里的"中伏"前后，是一年中最热的时期，也是农作物生长最快的时候。

dà shǔ

大暑

节气概述

节气字源

甲骨文	金文	小篆	楷书		小篆	楷书
𣎆	大	大	大		暑	暑

　　"大"像正面站立的人形。古人认为"天大，地大，人亦大，故象人形"。"暑"，天气热。"者"即"煮"，火气在下，骄阳在上，人如在蒸笼之中，形容天气灼热。

节气三候

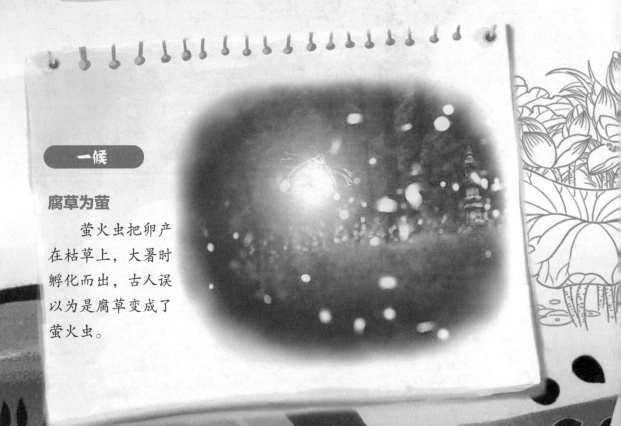

一候

腐草为萤

　　萤火虫把卵产在枯草上，大暑时孵化而出，古人误以为是腐草变成了萤火虫。

二候

土润溽（rù）暑

溽是湿，湿气浓重。天气开始变得闷热，令人难以忍耐。

三候

大雨时行

时常会有大的雷雨出现。

节气习俗

饮伏茶

伏茶

伏茶，顾名思义，是三伏天喝的茶。古时候，很多地方的农村都有个习俗，即三伏天时，在村口的凉亭里放些茶水，免费给来往路人喝。免费供应伏茶的时间一般从农历六月初到八月末。这种由金银花、夏枯草、甘草等十多味中草药煮成的茶水，有清凉祛暑的作用。

此外，大暑还有斗蟋蟀、送大暑船、吃仙草、喝老鸭汤等民间习俗。

节气食单

凉拌苦瓜

苦瓜又名"凉瓜"，是消暑的最好蔬菜，有着很高的营养及药用价值。

《本草纲目》称：苦瓜"苦寒、除邪热、解劳乏、清心明目"。

制作方法

①将苦瓜洗净，一剖为二，刮去内瓤，切成薄片。

②放进烧滚的开水里，片刻后捞出，入凉开水过凉，沥干水分。

③在沥干水分的苦瓜里放入少许盐，然后根据口味加适量熟油、麻油、盐、糖、醋等调味品，拌匀即可食用。

④凉拌苦瓜完成啦！

节气文化

节气诗词

纳凉^①

〔宋〕秦观

^{xié}
携扶来追柳外凉，画桥南畔倚胡床^②。

^{cēn cī}
月明船笛参差起，风定池莲自在香。

【注】

①纳凉：乘凉。

②胡床：交椅，可躺卧。

【白话译文】

我拄着拐杖出门去寻找纳凉的胜地，画桥南畔，柳树成荫，我倚坐胡床舒适惬意。清净的明月之夜，笛声参差响起，晚风拂过，池中莲花泛起阵阵幽香，沁人心脾。

大暑

〔宋〕曾几

赤日几时过，清风无处寻。

经书聊枕籍，瓜李漫浮沉。

兰若静复静，茅茨深又深。

炎蒸乃如许，那更惜分阴。

夏意

〔宋〕苏舜钦

别院深深夏席清，石榴开遍透帘明。

树阴满地日当午，梦觉流莺时一声。

大暑节气话流萤

盛夏的野外，那一闪一灭的光亮，犹如一盏盏神秘莫测的明灯，那掌灯者就是极普通的小生命——萤火虫。萤火虫是一种小型甲虫，因其尾部能发出荧光，故名。《埤（pí）雅·萤》："萤，夜飞，腹下有火，故字从荧省，荧，小火也。"

这种尾部能发光的萤火虫，全世界约有2000多种。

萤火虫之所以能发出荧光，是因为腹部末端下方有发光器，机理是由于其呼吸时使发光物质"荧光素"氧化所致。萤火虫发出的亮光，主要是为了发送信号，吸引异性，借此完成求偶交配以及繁殖的使命。当一定规模的萤火虫群集产生求偶的发光信号时，就会形成夏季夜幕下特有的"流萤"景观，如梦如幻，令人叹为观止。

萤火虫一般生活在潮湿、多水、杂草丛生的地方。古人认为"季夏之月，腐草为萤"，萤火虫乃腐草所变，是因为古人不知萤火虫多在水草边产卵，误以为萤火虫是腐草变化而成。

萤火虫别名很多，在《古今注·鱼虫》中，萤火虫"一名耀夜，一名景天，一名熠燿，一名丹良，一名燐，一名丹鸟，一名夜光，一名宵烛……"每一个名字，都美得让人怦然心动。

咏萤火虫的诗词，最有名的当然是杜牧的"银烛秋光冷画屏，轻罗

小扇扑流萤"。最早描写出萤火虫诗意的是南朝梁简文帝:"腾空类星陨,拂树若花生。屏疑神火照,帘似夜珠明。"把萤火虫玩到极致的是隋炀帝。大业十二年,隋炀帝在景华宫征求萤火虫,"得数斛(hú—斛为十斗),夜出游山,放之光遍岩谷"(《隋书.隋炀帝本纪》),不知得有多少只萤火虫?

目前,台湾地区、韩国、日本,都是亚洲萤火虫生态景区开发进行得最好的地区和国家,但是萤火虫的品种、数量、持续时间都不如天台山。位于四川省邛崃市的天台山,是目前亚洲最大的萤火虫观赏基地,已经发现的萤科发光萤火虫达到五属近20个品种。各个品种的萤火虫在四月下旬至十月上旬,分期分批、交替出现。

萤火虫是秋的使者,"流萤千点报秋信"。当萤火虫袅袅神秘地在静夜里穿梭时,凉爽的秋已经不远了。

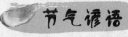

节气谚语

大暑不暑,五谷不鼓。

大暑热不透,大热在秋后。

节气实践

节气体验活动

寻找蟋蟀

当蟋蟀离开田野，来到庭院墙角下避暑，让我们试着用食物把它们"请"来。

准备一勺白糖或面包屑，在黄昏时撒在墙角。用一层报纸把食物盖住，保证蟋蟀能够钻进你给它们预备的报纸"餐厅"。早晨，赶在植物叶片上的露水消失之前，回到撒食物的地方，这时蟋蟀大多"酒足饭饱"，正在报纸底下等着我们来捉。不过，观察完蟋蟀，一定要把它们放回大自然哟！

节气观测

▶ **节气测量**：测量大暑节气的温度，了解气温的变化情况。连续记录一周。

▶ **节气笔记**：到邛崃天台山露营，观察萤火虫"提着灯笼"在林间飞舞，探究萤火虫发光的原理，写下自己的感受。

节气阅读

乐曲欣赏：《夏日骄阳》（民乐合奏）

朗读诗歌：《星之葬》（余光中）

阅读绘本：《最后的夏天》（［美］洛伊丝·劳里）

阅读散文：《再见，萤火虫》（王开岭）——天上的星星，地上的流萤，夏夜曾经让人如此沉迷……如今，我们只剩下荧光灯了吗？只剩下霓虹闪烁了吗？

我的节气温度记录表

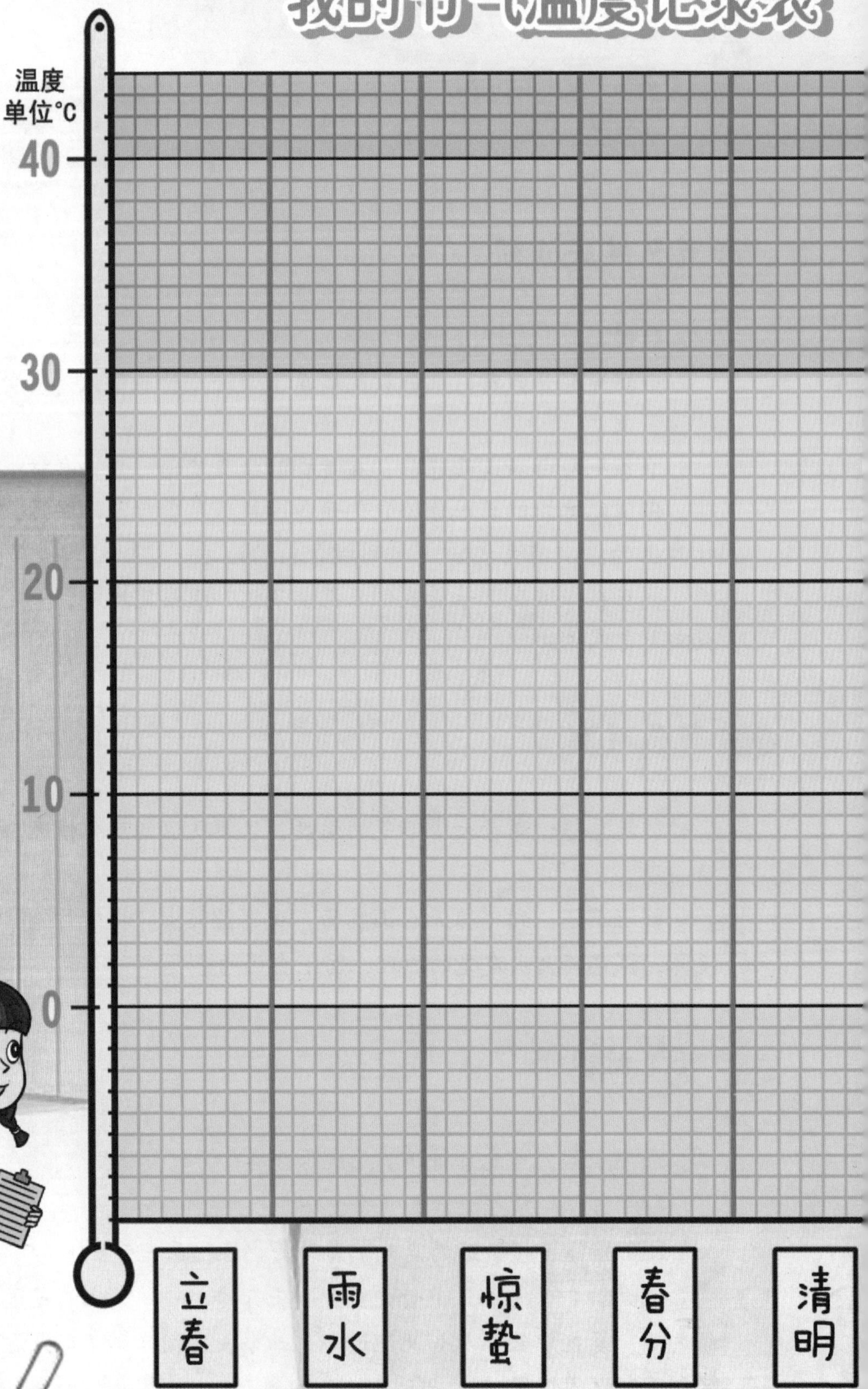

温度
单位°C

40

30

20

10

0

立春　　雨水　　惊蛰　　春分　　清明

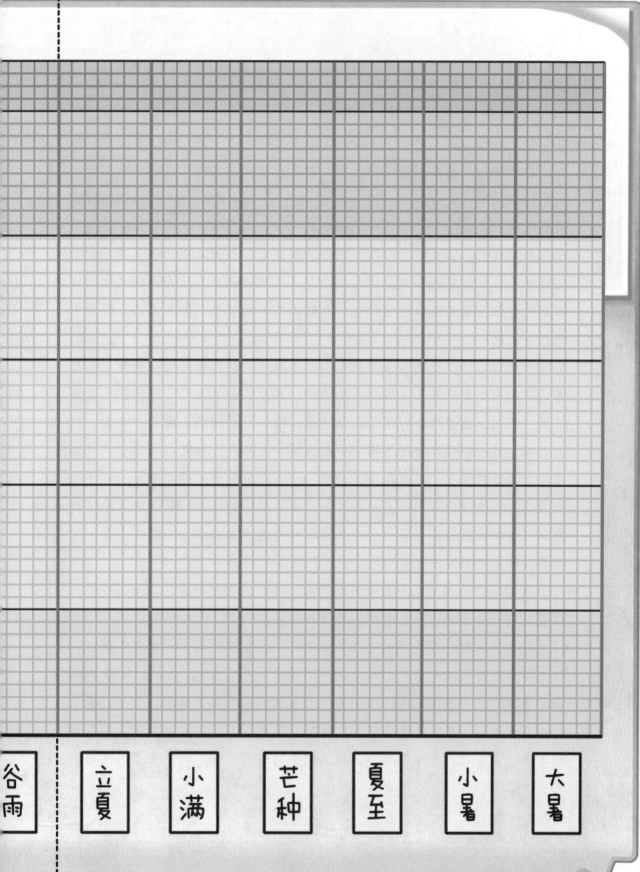

谷雨　　立夏　　小满　　芒种　　夏至　　小暑　　大暑

后记

从十年前的节气诵读课程起步，到2015年10月立项开展"节气里的乡土中国文化研究"课题研究，再到2016年4月获批为成都市哲学社会科学规划课题，我们的节气课程研究逐步从感性走向理性，从典籍故纸转向本土化和当代化，将文学、科学、艺术、社会等学科相融合，将天府学堂研究性学习、社会实践和立德树人相结合，以期传承中华优秀传统文化，培育和践行社会主义核心价值观。《你好，二十四节气》即是课题历时数年的衍生成果。

我们以农历二十四节气为线索，带着孩子们从立春开始，跨越春夏秋冬，从室内走向户外，从城市走向郊外：春分，食荠菜、放风筝；立夏，斗蛋、称人、逮蝼蛄；白露，收集清露，喝一口自制的白露茶；小寒，踏雪寻梅，熬一锅稠浓的腊八粥……就这样，在节气民俗活动的体验中，在节令食品的烹饪中，在节气诗词的熏陶中，在节气物候的观测中，孩子们逐步建立起生活的仪式感，逐渐过上了有季节感的生活。孩子们体会了对自然、生命的敬畏和欢喜，懂得了责任和感恩，真正爱上了节气、爱上了家乡、爱上了中国文化。

我们有理由相信，充盈着科学雨露、洋溢着文化馨香的二十四节气，既是我们的居家日常，也是我们的诗和远方。

我们也希望，有更多的老师，在自己的教室里，让二十四节气课程，以更新的姿态得以开启。

本书由"节气里的乡土中国文化研究课题组"成员编写。其中：李建萍等负责审稿，瞿凤等负责统稿，瞿凤、吴涛华、谭琼、洪敏等分别负责编写春、夏、秋、冬四季节气，周玉刚参与编写节气观测，万里燕参与编

注：课题组主研人员为曾晶、闵楠、李建萍、瞿凤、吴涛华、洪敏、谭琼等。

写节气音乐。本书封面、封底和章节插画由木壳人绘制，节气组图、三候、食单等插画由曹磊绘制，国画插画由师艺绘制。在编写过程中，中共成都市委宣传部、成都市教有局以及成都高新区基层治理和社会事业局的领导给予了大力支持，成都市教育科学研究院的罗良建、罗晓辉、常利梅等教研员对本书给予了专业指导。在此，我们一并表示衷心感谢。如有疏漏错误，乞待读者匡正。

编者

2020年春于成都